163 コンクリートライブラリー

石炭ガス化スラグ細骨材を用いた
コンクリートの設計・施工指針

土 木 学 会

Concrete Library 163

Recommendations for Design and Construction of Concrete Structures Using Coal Gasification Slag as Fine Aggregate

June, 2023

Japan Society of Civil Engineers

はじめに

　土木学会コンクリート委員会では，一般財団法人石炭フロンティア機構（現，カーボンフロンティア機構），東京電力ホールディングス株式会社，中国電力株式会社，電源開発株式会社，大崎クールジェン株式会社，勿来 IGCC パワー合同会社および広野 IGCC パワー合同会社からの委託を受け，2020 年 3 月に「石炭ガス化スラグ細骨材を用いたコンクリートの設計・施工研究小委員会」（岩城一郎委員長）を設置し，石炭ガス化スラグ細骨材を用いたコンクリートの物性ならびに製造・施工技術に関する研究を行ってきた．その成果は「石炭ガス化スラグ細骨材を用いたコンクリートの設計・施工指針」として取りまとめられ，コンクリート常任委員会における審議を経て，このたびコンクリートライブラリーの一つとして出版されることとなった．

　本指針では，新たな発電技術である石炭ガス化複合発電から副生・製造される石炭ガス化スラグをコンクリート用細骨材として利用する際に有効な技術情報を取りまとめている．石炭ガス化複合発電は，高効率であるとともに，二酸化炭素の分離・回収技術の適用が比較的容易で，カーボンリサイクルとの掛け合わせによってカーボンニュートラルに貢献できる発電方式であり，実用化と普及拡大が大いに期待されている．一方，コンクリート分野においても環境負荷低減が求められていることは周知のことである．良質な天然骨材が枯渇しており，今後より一層の再生資源利用が求められるであろう．したがって本指針は，エネルギー分野とコンクリート分野双方における環境問題への対応に貢献すると考えられる．

　土木学会コンクリート委員会では，これまでにコンクリート用スラグ骨材に関連する指針として，「高炉スラグ砕石コンクリート設計施工指針（1978 年）」，「高炉スラグ細骨材を用いたコンクリートの設計施工指針（案）（1983 年）」，「高炉スラグ骨材コンクリート施工指針（1993 年）」，「フェロニッケルスラグ細骨材を用いたコンクリートの施工指針（1998 年）」，「銅スラグ細骨材を用いたコンクリートの施工指針（1998 年）」，「電気炉酸化スラグ骨材を用いたコンクリートの設計・施工指針（案）（2003 年）」，「フェロニッケルスラグ骨材を用いたコンクリートの設計施工指針（2016 年）」，「銅スラグ細骨材を用いたコンクリートの設計施工指針（2016 年）」，「高炉スラグ細骨材を用いたプレキャストコンクリート製品の設計・製造・施工指針（案）（2019 年）」を発刊し，それぞれ発刊時点の最新の知見を踏まえた使用方法の標準を示すことによって各種副生スラグの有効利用に貢献してきた．今回の「石炭ガス化スラグ細骨材を用いたコンクリートの設計・施工指針」が，新しい時代において副生スラグの有効利用に寄与することを願っている．

　本指針の作成に尽力いただいた石炭ガス化スラグ細骨材を用いたコンクリートの設計・施工研究小委員会の岩城一郎委員長，岩波光保副委員長，斎藤豪幹事長をはじめとする委員各位に心より感謝申し上げる．

令和 5 年 3 月

土木学会　コンクリート委員会

委員長　下村　匠

序

　石炭ガス化スラグ細骨材（Coal Gasification slag Sand，略記：CGS）は，石炭ガス化複合発電（Integrated coal Gasification Combined Cycle，以下，IGCC という）において石炭をガス化炉でガス化した際に副生する溶融スラグを水砕し，磨砕等によって粒度・粒形を調整したものである．副産物である石炭ガス化スラグの有効利用の研究は 2000 年代から始められているが，カーボンニュートラル社会の実現に向けた諸策の一つとしてクリーンコールエネルギー技術への関心が高まり，福島県での大型商用プラントの建設を契機に，2015 年から学識経験者，関係省庁，使用者および電力関係事業者からなる石炭ガス化溶融スラグ有効利用検討委員会が発足し，石炭ガス化スラグをコンクリート用細骨材の新たな資源として活用する場合の利用方法の検討が行われた．これらの研究成果の下，石炭ガス化スラグ細骨材はコンクリート用骨材として十分に利用可能であることが確認され，2020 年 10 月には，JIS A 5011-5「コンクリート用スラグ骨材-第 5 部：石炭ガス化スラグ骨材」が規格化された．

　このような背景の下，2020 年に土木学会コンクリート委員会内に 2 種委員会として「石炭ガス化スラグ細骨材を用いたコンクリートの設計・施工研究小委員会」（通称，255 委員会）が設立され，「石炭ガス化スラグ細骨材を用いたコンクリートの設計・施工指針」の発刊を目指す活動を開始した．活動に当たっては，コロナ禍と重なったことから対面での打合せがほとんどできず，体系的な実験の実施も難航したが，そんな中でも各委員の献身的な助力により，発刊にこぎつけることができた．検討を進める中で，石炭ガス化スラグ細骨材は他のスラグ細骨材とは似て非なる性質を持つことが徐々に解明され，耐久性上有利に働く点と，留意が必要な点なども明らかになった．

　本指針は全 8 章の本編と付録から構成されている．本編では石炭ガス化スラグ細骨材およびこれを用いたコンクリートの品質・性能，石炭ガス化スラグ細骨材を用いたコンクリートおよび構造物の設計，製造・施工，品質管理，検査に関する標準を示した．付録では技術資料を掲載するとともに関連する文献を示した．本指針を活用し，石炭ガス化スラグ細骨材の持つ強みを生かし，弱みを補うよう，適切な設計・施工を行うことで，出来上がったコンクリート構造物の要求性能を満足するとともに，環境負荷の低減に貢献することを切に期待する次第である．

　最後に，本指針の策定にあたり，ご助力いただいた岩波光保副委員長，斎藤豪幹事長，各 WG 主査をはじめとする委員，および松浦忠孝氏をはじめとする委託側委員に心より感謝申し上げる次第である．

令和 5 年 6 月

土木学会コンクリート委員会
石炭ガス化スラグ細骨材を用いたコンクリートの設計・施工研究小委員会
委員長　岩城　一郎

土木学会　コンクリート委員会　委員構成

（平成 31 年度・令和 2 年度）

顧　問　　石橋 忠良　　魚本 健人　　梅原 秀哲　　坂井 悦郎　　前川 宏一　　丸山 久一
　　　　　宮川 豊章　　睦好 宏史

委 員 長　　　下村 匠　　　（長岡技術科学大学）
幹 事 長　　　加藤 佳孝　　（東京理科大学）

常任委員会委員兼幹事

大内 雅博　　　古市 耕輔　　　牧 剛史　　　　山路 徹　　　　山本 貴士

常任委員会委員

綾野 克紀　　石田 哲也　　井上 晋　　　岩城 一郎　　岩波 光保　　上田 隆雄
上田 多門　　氏家 勲　　　内田 裕市　　鎌田 敏郎　　河合 研至　　河野 広隆
岸 利治　　　小林 孝一　　齊藤 成彦　　佐伯 竜彦　　佐藤 靖彦　　菅俣 匠
田中 敏嗣　　谷村 幸裕　　津吉 毅　　　名倉 健二(~H31.3)　中村 光　　　二井谷 教治
二羽 淳一郎　濵田 秀則　　原田 修輔　　久田 真　　　平田 隆祥　　細田 曉
本間 淳史　　前田 敏也(H31.4~)　松田 浩　　　松村 卓郎　　丸屋 剛　　　宮里 心一
森川 英典　　山口 明伸　　横田 弘　　　渡辺 博志

委　　員

宇治 公隆　　梅村 靖弘　　春日 昭夫　　金子 雄一　　木村 嘉富　　国枝 稔
斎藤 豪　　　佐藤 勉　　　島 弘　　　　杉山 隆文　　武若 耕司　　玉井 真一
鶴田 浩章　　土橋 浩　　　橋本 親典　　服部 篤史　　濱田 譲　　　原田 哲夫
日比野 誠　　三島 徹也　　渡辺 忠朋　　渡邉 弘子

（50 音順，敬称略）

土木学会　コンクリート委員会　委員構成

（令和 3 年度・4 年度）

顧　　問　　上田 多門　　河野 広隆　　武若 耕司　　前川 宏一　　宮川 豊章　　横田 弘

委　員　長　　下村 匠　　（長岡技術科学大学）
幹　事　長　　山本 貴士　　（京都大学）

常任委員会委員兼幹事

大島 義信　　　加藤 佳孝　　　田所 敏弥　　　細田 暁　　　前田 敏也　　　牧 剛史

常任委員会委員

綾野 克紀	石田 哲也	井上 晋	岩城 一郎	岩波 光保	上田 隆雄
氏家 勲	内田 裕市	大内 雅博	鎌田 敏郎	河合 研至	岸 利治
河野 克哉	古賀 裕久	小林 孝一	齊藤 成彦	斎藤 豪	佐伯 竜彦
坂井 吾郎	佐藤 靖彦	菅俣 匠	杉山 隆文	玉井 真一	津吉 毅
鶴田 浩章	中村 光	永元 直樹	二羽 淳一郎	濵田 秀則	原田 修輔
久田 真	平田 隆祥	本間 淳史	松田 浩	松村 卓郎	丸屋 剛
宮里 心一	森川 英典	山口 明伸	山路 徹		

委　員

秋山 充良	上野 敦	宇治 公隆	春日 昭夫	加藤 絵万	木村 嘉富
国枝 稔	佐川 康貴	島 弘	髙橋 良輔	谷村 幸裕	土橋 浩
長井 宏平	半井 健一郎	橋本 親典	濱田 譲	日比野 誠	藤山 知加子
三木 朋広	三島 徹也	皆川 浩	渡辺 忠朋		

（50 音順，敬称略）

土木学会　コンクリート委員会

石炭ガス化スラグ細骨材を用いたコンクリートの

設計・施工研究小委員会

（令和 2 年 3 月　〜　令和 5 年 3 月）

コンクリートライブラリー163
石炭ガス化スラグ細骨材を用いたコンクリートの設計・施工指針

＜目　次＞

石炭ガス化スラグ細骨材を用いた
コンクリートの設計・施工指針

1章　総　則

1.1　適用の範囲

（1）　この指針は，石炭ガス化スラグ細骨材を用いたコンクリートの設計と施工の標準を示す．この指針に示されていない事項は，土木学会コンクリート標準示方書（以下，示方書という）による．

（2）　この指針は，設計基準強度が $50\,N/mm^2$ 未満の普通コンクリートに適用し，コンクリートの全細骨材量に対する石炭ガス化スラグ細骨材の容積比（以下，石炭ガス化スラグ細骨材混合率という）は，50％以下を標準とする．

【解　説】　（1）および（2）について　石炭ガス化スラグ細骨材（<u>C</u>oal <u>G</u>asification slag <u>S</u>and，略記：CGS）は，石炭ガス化複合発電（<u>I</u>ntegrated coal <u>G</u>asification <u>C</u>ombined <u>C</u>ycle，以下，IGCC という）において石炭をガス化炉でガス化した際に副生する溶融スラグを水砕し，磨砕等によって粒度・粒形を調整したものである．

副産物である石炭ガス化スラグの有効利用の研究は 2000 年代から始められているが，カーボンニュートラル社会の実現に向けた諸策の一つとしてクリーンコール技術への関心が高まり，福島県での大型商用プラントの建設を契機に，2015 年から学識経験者，関係省庁，使用者および電力関係事業者からなる石炭ガス化溶融スラグ有効利用検討委員会が発足し，石炭ガス化スラグをコンクリート用細骨材の新たな資源として活用する場合の利用方法の検討が行われた．これらの研究成果の下，石炭ガス化スラグ細骨材はコンクリート用骨材として十分に利用可能であることが確認され，2020 年 10 月には，JIS A 5011-5「コンクリート用スラグ骨材-第 5 部：石炭ガス化スラグ骨材」が規格化された．

石炭ガス化スラグ細骨材は，同じく石炭灰を由来とするフライアッシュと化学組成が類似する．二酸化けい素（SiO_2），酸化アルミニウム（Al_2O_3）を主成分とするガラス相は，コンクリート中において水和生成物と反応し，石炭ガス化スラグ細骨材表面に反応相を形成する．また，表面が平滑で吸水率が低いことに加え，磨砕等によって粒度・粒形が調整されるため，一般に同一コンシステンシーを得るための単位水量を低減することができる材料である．石炭ガス化スラグ細骨材を用いたコンクリート（以下，石炭ガス化スラグ細骨材コンクリートという）は，普通骨材を用いたコンクリート（以下，普通骨材コンクリートという）と比較して乾燥収縮ひずみが小さい傾向にあり，また，石炭ガス化スラグ細骨材の反応性によって，セメントペーストとの界面領域が緻密化し，物質の透過に対する抵抗性の向上をもたらすことが期待される．これらの特性を活用することができれば，コンクリート構造物のひび割れ抵抗性の改善や耐久性の向上に寄与する材料として石炭ガス化スラグ細骨材を効果的に利用することが可能であり，利用の定着によって IGCC の安定稼働，普及拡大とともに，骨材の枯渇問題の緩和にも貢献することができる．

この指針は，JIS A 5011-5 に適合した石炭ガス化スラグ細骨材を用いることを前提に，これまでの研究成果や試験施工等の実績を基に，石炭ガス化スラグ細骨材コンクリートを土木構造物に適用する場合に必要な事項についての標準を示したものである．適用するコンクリートの種類は，設計基準強度（設計において基準とする強度．一般に，圧縮強度の特性値をとる．）が $50\,N/mm^2$ 未満の普通コンクリートとした．高強度コンクリートやプレストレストコンクリート等製造方法が異なる特殊コンクリートは，現時点では十分なデータ

が得られていないため，適用の範囲外とした．石炭ガス化スラグ細骨材混合率が 50 ％を超えると，ブリーディングの増大等により所要のワーカビリティーが得られなくなることが懸念されるとともに，石炭ガス化スラグ細骨材中に含まれるアルカリ金属酸化物の溶出によって普通骨材のアルカリシリカ反応に影響を及ぼす恐れがある．そのため，石炭ガス化スラグ細骨材混合率の標準範囲は，一般のコンクリートと概ね同等のワーカビリティーが得られるとともに，併用する普通骨材のアルカリシリカ反応に対して，抑制対策の効果を確認した研究の実績範囲から 50 ％以下と定めた．したがって，高強度コンクリートや特殊コンクリートに石炭ガス化スラグ細骨材を利用する場合，石炭ガス化スラグ細骨材混合率が 50 ％を超える場合，あるいは石炭ガス化スラグ細骨材と他の特殊な材料を混合して用いる場合は，示方書の記載に従って個別に検討を行い，必要に応じて試験を行い，あるいは既往のデータ等によって所要の性能を満足することをあらかじめ確認する必要がある．なお，他の材料と同様に，石炭ガス化スラグ細骨材もその使用方法が適切でないと，所要の品質や期待する効果が得られないだけでなく，コンクリートの品質が低下する場合もあるため，この指針に示されている事項を十分に理解した上で，これに従って設計・施工を行うことが重要である．

　なお，この指針で引用している示方書，JIS 等の規格類は，指針発刊時の最新のものとする．

1.2　　用語の定義

　この指針では，次のように用語を定義する．

普通細骨材：JIS A 5308「レディーミクストコンクリート」附属書 A に規定される細骨材のうち，川砂，山砂，海砂等の砂および砕砂の総称．

普通粗骨材：JIS A 5308 附属書 A に規定される粗骨材のうち，川砂利に代表される天然産の各種の砂利および砕石の総称．

石炭ガス化スラグ細骨材：石炭ガス化複合発電において，ガス化炉で石炭をガス化した際に副生する溶融スラグを水砕し，磨砕等によって粒度・粒形を調整したもの（$\underline{C}$oal $\underline{G}$asification slag $\underline{S}$and，略記：CGS）．

石炭ガス化スラグ細骨材混合率：コンクリート中の全細骨材量に占める石炭ガス化スラグ細骨材の混合割合を容積百分率で表した値（略記：CGS 混合率）．

石炭ガス化スラグ細骨材コンクリート：細骨材の一部または全てに石炭ガス化スラグ細骨材を用いたコンクリート．

普通骨材コンクリート：骨材として，普通細骨材および普通粗骨材のみを用いて製造されたコンクリート．

環境安全形式検査：石炭ガス化スラグ細骨材コンクリートが環境安全品質を満足するものであるかを判定するための検査．

環境安全受渡検査：環境安全形式検査に合格したものと同じ製造条件の石炭ガス化スラグ細骨材の受渡しの際に，その環境安全品質を保証するために行う検査．

一般用途：石炭ガス化スラグ細骨材コンクリートを用いた構造物またはコンクリート製品の用途のうち，港湾用途を除いた一般的な用途．

港湾用途：石炭ガス化スラグ細骨材コンクリートを用いた構造物等の用途のうち，海水と接する港湾の施設またはそれに関係する施設で半永久的に使用され，解体・再利用されることのない用途．港湾に使用する場合であっても再利用を予定する場合は，一般用途として取り扱う．

【解　説】　石炭ガス化スラグ細骨材について　石炭ガス化スラグ細骨材の品質および試験方法は，JIS A 5011-5 に規定されており，この中で粒度は 5 mm 以下，2.5 mm 以下，1.2 mm 以下，5 mm～0.3 mm の 4 種類に区分されている．なお，石炭ガス化スラグ骨材に粗骨材は存在しない．

　石炭ガス化スラグ細骨材は，循環資源の積極的利用や普通細骨材との混合による粒度の調整等を目的に，普通細骨材と適切な割合で混合して用いる．混合利用の方法は，ミキサ混合時に骨材の種類別に計量して混合される場合と，骨材製造事業者が他の細骨材とあらかじめ混合した状態でレディーミクストコンクリート工場に納入する場合があるが，この指針発刊時点で後者の実績はなく，納入後の正確な石炭ガス化スラグ細骨材混合率を把握することが困難であることから，この指針は，製造時に個別に計量して混合したものを対象とする．

　石炭ガス化スラグ細骨材混合率について　細骨材の全量に対する石炭ガス化スラグ細骨材の容積比を百分率で表した値．密度の異なる細骨材を混合して使用する場合には，混合率は容積の比率で表すのが適当と考えられる．したがって，この指針では，石炭ガス化スラグ細骨材と普通細骨材を混合する場合の混合率を容積の比率で表す．

　環境安全形式検査について　JIS A 5011-5 で定義されている用語であり，製造された石炭ガス化スラグ細骨材について，物理的・化学的性質ならびに粒度，微粒分量等が要求品質を満足することを確認したものを対象に，環境安全品質を満足するかを判定するための検査．環境安全品質の検査に用いる試料には，コンクリートとして製造された状態を模擬した利用模擬試料と適切な試料採取方法で採取された石炭ガス化スラグ細骨材単独による試料（以下，石炭ガス化スラグ細骨材試料という）がある．試料の採取，縮分および調製の方法は，JIS A 5011-5 附属書 B（規定）「石炭ガス化スラグ細骨材の環境安全品質試験方法」による．利用模擬試料を用いた場合の環境安全品質の保証は，同一と見なせる配合条件で使用する場合のみに限定される．

　環境安全受渡検査について　JIS A 5011-5 で定義されている用語であり，環境安全形式検査に合格したものと同じ製造条件の石炭ガス化スラグ細骨材の受渡しの際に，その環境安全品質を保証するために行う検査．試料には適切な試料採取方法で採取された石炭ガス化スラグ細骨材試料が用いられる．

　一般用途および港湾用途について　JIS A 5011-5 で定義されている用語であり，石炭ガス化スラグ細骨材コンクリートを用いた構造等の用途を表す．環境安全品質基準が一般用途と港湾用途では異なり，一般用途は重金属類の溶出量および含有量に関する基準を，港湾用途は溶出量に対する基準を満足する必要がある．

2章　石炭ガス化スラグ細骨材の品質

2.1　一　　般

　石炭ガス化スラグ細骨材は，JIS A 5011-5 に適合し，骨材として適切な品質管理の下で製造されたものを用いる．

【解　説】　IGCC において，石炭ガスを生成するガス化炉内では，石炭中の灰分が約 1800 ℃に達する高温下で溶融され，溶融スラグとして炉底部に流下する．流下した溶融スラグはウォーターチャンバーで急冷され，グラニュラー状の水砕物として系外に取り出される．石炭ガス化スラグ細骨材は，この水砕スラグを磨砕等によって粒度・粒形を調整して製造したものである．なお，実績のない徐冷スラグおよび風砕スラグは対象ではない．磨砕によって得られる材料の粒度区分は，CGS5（粒の大きさ：5 mm 以下）に対応し，微粒分を一定量含む．その他の粒度区分は，基本的にこれを分級することによって製造・製品化される．

　石炭ガス化スラグ細骨材は，2020 年 10 月にコンクリート用骨材としての品質と試験方法が JIS A 5011-5 によって規定された．コンクリートに使用する石炭ガス化スラグ細骨材は，この JIS A 5011-5 に適合するとともに，本章に示す品質項目をはじめ，適切な品質管理の下で製造されていることが確認されたものを用いる．

2.2　化学成分

　石炭ガス化スラグ細骨材は，JIS A 5011-5 に規定される化学成分に加え，アルカリ金属酸化物（Na_2O，K_2O）の含有量を適切な方法によって確認し，これらの化学成分がコンクリートの品質に有害な影響を及ぼす可能性がある場合は，適切な対策を講じて用いる．

【解　説】　この指針発刊時点で，国内には 3 つの IGCC プラントがある．石炭ガス化スラグ細骨材は基本的に石炭の灰分のみで構成され，いずれのプラントにおいても他の混合材料は用いられていない．このため，製造過程でコンクリートに有害な影響を及ぼす物質（例えば，ごみ，有機不純物，塩分等）が混入することはなく，石炭ガス化スラグ細骨材の化学成分は石炭中の灰分組成に依存する．主たる化学成分は，同じ石炭灰を由来とするフライアッシュに類似し，二酸化けい素（SiO_2），酸化アルミニウム（Al_2O_3），酸化カルシウム（CaO）が占める．

　解説 表 2.2.1 には，JIS A 5011-5 に規定される 4 つの化学成分を示す．石炭ガス化スラグ細骨材を購入する際には，試験成績表により，石炭ガス化スラグ細骨材の化学成分が JIS A 5011-5 の規定値以下であることを確認する．

解説 表 2.2.1　JIS A 5011-5 における化学成分の規定 [88]

項目		規定値
酸化カルシウム（CaO として）	(%)	40.0 以下
酸化マグネシウム（MgO として）	(%)	20.0 以下
三酸化硫黄（SO_3 として）	(%)	0.5 以下
全鉄（FeO として）	(%)	25.0 以下

　これらの規定は，骨材中の化学成分が起因してコンクリートにひび割れや膨張等の悪影響を及ぼさないこと，また骨材の品質を一定の範囲に管理することを目的として定められている．酸化カルシウムは，遊離酸化カルシウム（f-CaO）として存在すると，水と反応し水酸化カルシウムとなることでコンクリートを膨張させることがある．これまでの実績として，石炭ガス化スラグ細骨材に f-CaO はほとんど含まれないことが確認されている．酸化カルシウムの規定値は，原料である石炭の灰分組成の範囲から，CaO 含有率として上限値が定められている．

　酸化マグネシウムも，遊離酸化マグネシウム（f-MgO）として存在すると，水と反応し水酸化マグネシウムとなることでコンクリートを膨張させることがある．酸化マグネシウムの規定値は，原料である石炭の灰分組成の範囲から，MgO 含有率として上限値が定められている．

　三酸化硫黄は，エトリンガイトを生成し，コンクリートを膨張させる原因となる．石炭中の硫黄分は，石炭ガスの精製過程で除去されるため，そのほとんどは石炭ガス化スラグ細骨材に残らない．JIS A 5011-5 では，他のコンクリート用スラグ骨材の規定に倣って，SO_3 含有率として上限値が定められている．

　金属鉄（Fe）はコンクリート表面で酸化することで錆を生じ，外観を損なう原因となる．石炭ガス化スラグ細骨材は，金属鉄をほとんど含まず，鉄分は酸化鉄として存在している．骨材中の酸化鉄は絶乾密度に影響を与えるため，JIS A 5011-5 では，原料である石炭の灰分組成の範囲から，FeO 含有率として上限値が定められている．

　石炭ガス化スラグ細骨材の化学成分は，石炭の種類（主に採炭地を指し，以下，炭種という）により変動する．石炭ガス化スラグ細骨材の化学成分には，主な化学成分（SiO_2，Al_2O_3，CaO）や JIS A 5011-5 に規定される化学成分のほか，この指針の付録 I 「石炭ガス化スラグ細骨材に関する技術資料（以下，［技術資料］という）」の 1.2.2（石炭ガス化スラグ細骨材の化学成分）に示すとおり，原料である石炭の灰分に由来して酸化ナトリウム（Na_2O），酸化カリウム（K_2O）が多く含まれる場合がある．これらのアルカリ金属酸化物に富むガラス相が反応すると，それに伴ってアルカリ金属イオン（Na^+，K^+）が溶出し，細孔溶液中のアルカリイオン濃度を高める．細孔溶液中のアルカリイオン濃度が高まると，石炭ガス化スラグ細骨材と併用する普通細骨材または普通粗骨材にアルカリシリカ反応性を有する骨材が含まれていた場合，その普通骨材のアルカリシリカ反応による膨張を誘引・促進させる恐れがある．このため，石炭ガス化スラグ細骨材は，JIS A 5011-5 に規定される化学成分とともに，アルカリ金属酸化物の含有量を，石炭ガス化スラグ細骨材の製造事業者が実施した ICP 発光分光分析法等適切な方法による化学成分の分析結果によって確認し，これらの化学成分がコンクリートの品質に影響を及ぼす場合は，必要に応じて適切な対策を講じて用いることとした．なお，アルカリ金属酸化物が多く含まれる石炭ガス化スラグ細骨材を用いる場合には併用する普通骨材のアルカリシリカ反応に特に注意する必要がある．石炭ガス化スラグ細骨材を用いた場合のアルカリシリカ反応に対する抑制対策は，この指針の 3.5.4（アルカリシリカ反応に対する抵抗性）による．

2.3　密度および吸水率

（1）　石炭ガス化スラグ細骨材の絶乾密度および吸水率は，JIS A 1109「細骨材の密度及び吸水率試験方法」により求める．

（2）　石炭ガス化スラグ細骨材の絶乾密度は，石炭ガス化スラグ細骨材の製造事業者が設定する絶乾密度の見本値に対して，ばらつきの少ないものを用いる．

【解　説】　（1）および（2）について　石炭ガス化スラグ細骨材の絶乾密度および吸水率は，JIS A 1109により確認する．解説 表 2.3.1 に JIS A 5011-5 における絶乾密度および吸水率の規定を示す．

解説 表 2.3.1　JIS A 5011-5 における絶乾密度および吸水率の規定 [88]

項目		規定値
絶乾密度	(g/cm³)	2.5 以上*
吸水率	(%)	1.5 以下

*　絶乾密度は，受渡当事者間の協議によって定めた期間における絶乾密度の見本値に対して±0.1 g/cm³ を超えて変化してはならない．

石炭ガス化スラグ細骨材は，粒子内部の空隙が極めて少ないため，その絶乾密度は化学成分に概ね依存する．化学成分は，2.2（化学成分）で述べたとおり石炭中の灰分組成によって変化し，化学組成に応じて絶乾密度は 2.5～3.1 g/cm³ の範囲に分布する．石炭ガス化スラグ細骨材の製造事業者は，発電所の燃料計画によってあらかじめ得られている石炭の灰分組成情報から絶乾密度を事前に推定することができる．石炭ガス化スラグ細骨材コンクリートの製造事業者は，材料選定，配合検討等の計画時点で，石炭ガス化スラグ細骨材の絶乾密度をある程度特定しておく必要がある．そこで，JIS A 5011-5 では，石炭ガス化スラグ細骨材コンクリートの製造事業者があらかじめ絶乾密度の概略値を確認できるよう，石炭ガス化スラグ細骨材の製造事業者は石炭灰分から推定した絶乾密度の値を「見本値」と定義して購入契約時に購入者に示し，発電所の燃料計画および在庫状況を踏まえて，その適用期間を当事者間で協議によって定めることとしている．なお，JIS A 5011-5 では見本値に対する許容差の規定を±0.1 g/cm³ としている．この許容差は，石炭ガス化スラグ細骨材の製造上の品質変動を一定の範囲に管理するためのもので，コンクリートの配合に影響しないことを保証するものではない．そのため，石炭ガス化スラグ細骨材の受渡しでは，石炭ガス化スラグ細骨材コンクリートの製造事業者が，コンクリートの配合や品質に対して許容される品質の範囲，ここでは絶乾密度の範囲をあらかじめ定めて，これに適合した品質であることを確認する必要がある．

石炭ガス化スラグ細骨材の吸水率は，既往の試験結果において 0.2～1.0 ％程度であり，他のスラグ細骨材と比べても低い．そのため，石炭ガス化スラグ細骨材の吸水率はコンクリートの品質を大きく変動させるものではないと考えられるが，一般のコンクリートと同様に，強度や耐久性等を確保する上で，吸水率はできるだけ低いものが望ましい．

2.4　炭素分

石炭ガス化スラグ細骨材に含まれる炭素分は，JIS A 5011-5 に規定された炭素含有率によって管理する.

【解　説】　IGCC のガス化工程において，微粉砕された石炭と石炭チャーの炭素分は，基本的にガス化炉内の高温高圧下で酸素，二酸化炭素，水と反応して燃焼ガス CO となって送り出される.　ガス化炉内の溶融スラグは，灰分のみが高温溶融したものであるため，定常運転中に排出されるスラグに含まれる炭素分は極めて微量である.　一方で，起動・停止時等の非定常状態では，ガス化炉内に滞留した炭素分が下部の水槽まで降下することが考えられる.　石炭ガス化スラグ細骨材に含まれる炭素分の多くは，このようにして混入したものが検出されていると推定されている.　**解説 写真 2.4.1** にはスラグ中に観察された炭素分の二次電子像を示す.

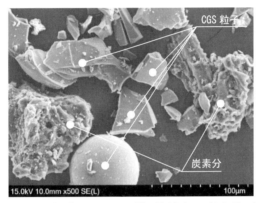

解説 写真 2.4.1　石炭ガス化スラグ細骨材中の炭素分（二次電子像）

石炭ガス化スラグ細骨材に含まれる炭素分は，JIS A 5011-5 の附属書 A（規定）「石炭ガス化スラグ細骨材の化学成分及び炭素含有率の分析方法」に従って，試料を酸素または酸素含有キャリーガス中で燃焼させて生成したガスを触媒および還元剤を用いて二酸化炭素に変化させた後で炭素を測定し，無水試料に対する質量分率を求めて炭素含有率として小数点以下 2 桁で表示する.

なお，フライアッシュ等で未燃炭素量の指標として用いられる強熱減量試験を石炭ガス化スラグ細骨材に適用した場合，強熱する温度および継続時間の選択によって質量が増加することが確認されている.　石炭ガス化スラグ細骨材では，強熱時の質量増加に寄与する還元物質が試料によって異なる場合も想定されるため，炭素分の確認方法として強熱減量試験を用いることは適当でない.

石炭ガス化スラグ細骨材中の炭素分はコンクリートの空気連行性，化学混和剤の使用量に影響することが確認されている.　AE 剤の使用量が過剰にならない範囲でコンクリートの品質および配合を管理するためには，炭素含有率はできるだけ小さいことが望ましい.　JIS A 5011-5 における炭素含有率の上限値を**解説 表 2.4.1** に示す.

解説 表 2.4.1　JIS A 5011-5 における炭素含有率の規定[88]

項目		規定値
炭素含有率	（%）	0.10 以下

2.5　粒度および微粒分量

石炭ガス化スラグ細骨材の粒度および微粒分量は，それぞれ JIS A 1102「骨材のふるい分け試験方法」，JIS A 1103「骨材の微粒分量試験方法」により求める．

【解　説】　石炭ガス化スラグ細骨材の粒度および微粒分量は，JIS A 1102 および JIS A 1103 により確認する．**解説 表** 2.5.1 および**解説 表** 2.5.2 に JIS A 5011-5 における粒度および微粒分量に関する規定を示す．

解説 表 2.5.1　JIS A 5011-5 における粒度範囲の規定 [88]

粒度による区分	記号	ふるいを通るものの質量百分率（%）						
		ふるいの呼び寸法（mm）						
		10	5	2.5	1.2	0.6	0.3	0.15
5 mm 石炭ガス化スラグ細骨材	CGS5	100	90~100	80~100	50~90	25~65	10~35	2~15
2.5 mm 石炭ガス化スラグ細骨材	CGS2.5	100	95~100	85~100	60~95	30~70	10~45	2~20
1.2 mm 石炭ガス化スラグ細骨材	CGS1.2	-	100	95~100	80~100	35~80	15~50	2~20
5~0.3 mm 石炭ガス化スラグ細骨材	CGS5-0.3	100	95~100	65~100	30~90	10~50	0~15	0~10

解説 表 2.5.2　JIS A 5011-5 における粗粒率および微粒分量の規定 [88]

項目	規定値
粗粒率	受渡当事者間の協議によって定めた値に対して±0.20
微粒分量	9.0 % 以下，かつ受渡当事者間の協議によって定めた値に対して±2.0 %

石炭ガス化スラグ細骨材は，炭種，IGCC のガス化炉形式および運転状態の違い等によらず，磨砕処理後はコンクリート用骨材に適した粒度に改善される．粒度区分 CGS5 の粒度分布は，**解説 図** 2.5.1 のようにいずれも JIS A 5011-5 に規定する範囲の中央値に近い適度な分布となり，粗粒率は 2.5~2.7 程度となることが多い．

石炭ガス化スラグ細骨材の微粒分量は，磨砕処理の条件によって増加することもあるため，JIS A 5011-5 にはその上限値が定められている．磨砕後の材料の微粒分量が JIS に規定された範囲内で多いことは，ブリーディング量の低減も期待できることから，直ちに問題とはならない．ただし，補充によって石炭ガス化スラグ細骨材の微粒分量を増やした場合には，0.075 mm 以下の粒子に炭素分が比較的多く含まれるため，結果的に炭素含有率が高くなり，空気連行性に影響を及ぼし，凍結融解抵抗性を低下させる可能性もあるため，注意が必要である．

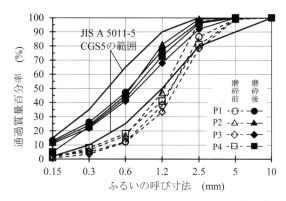

解説 図2.5.1　磨砕前後の粒度分布の例 [69), 144)] より作図

2.6　粒　　形

石炭ガス化スラグ細骨材の粒形は，単位容積質量または実積率で評価する．石炭ガス化スラグ細骨材の単位容積質量および実積率は，JIS A 1104「骨材の単位容積質量及び実積率試験方法」により求める．

【解　説】　骨材の粒形の判定には，一般に粒形判定実積率が用いられ，JIS A 5005「コンクリート用砕石及び砕砂」に規定される砕砂は，粒形判定実積率が54％以上とされている．しかし，区分によって粒形判定実積率の試験に用いる試料が準備できない場合があり，JIS A 5011-5では，**解説 表2.6.1**に示す単位容積質量による規定が設けられている．

解説 表2.6.1　JIS A 5011-5における単位容積質量の規定 [88)]

項目		規定値
単位容積質量　　　　　　　　　（kg/L）		1.50 以上

単位容積質量や実積率は粒形判定実積率と異なり，骨材の粒形を正確に判定することはできないが，工程検査として石炭ガス化スラグ細骨材の粒形を管理するには有効な値である．なお，これまでの試験結果において，単位容積質量が1.50 kg/Lを下回るもの，粒形判定実積率が54％を下回るものは製造されていない．

解説 写真2.6.1に遠心式自己磨砕方式による磨砕処理前・後の石炭ガス化スラグの粒形観察結果を示す．磨砕前の石炭ガス化スラグはやや粗く，一部には針状や扁平状の粒子が含まれるが，磨砕処理によってコンクリート用骨材に適した粒形に改善される．なお，JIS A 5011-5は，この磨砕処理が施された材料を対象としており，実積率は粒度分布が最も粗い5〜0.3 mmの粒度区分の材料においても60％程度となる．JIS A 5011-5の単位容積質量の規定は，この実積率と絶乾密度の下限値を基に定められている．

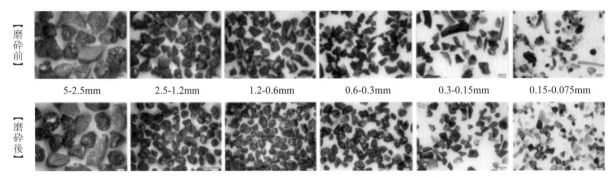

【磨砕前】

5-2.5mm　　2.5-1.2mm　　1.2-0.6mm　　0.6-0.3mm　　0.3-0.15mm　　0.15-0.075mm

【磨砕後】

解説 写真 2.6.1　磨砕前・後の粒形観察結果 [69]

2.7　ポゾラン反応性

　石炭ガス化スラグ細骨材の反応性によって物質の透過に対する抵抗性の向上等を期待し，設計に反映する場合は，その反応性を適切な方法で評価する．

【解　説】　石炭ガス化スラグ細骨材は，酸化カルシウムを含む二酸化けい素や酸化アルミニウムを主成分とするガラス相で構成され，結晶鉱物が含まれる量はごくわずかである．この特徴から，石炭ガス化スラグ細骨材は，高炉スラグ微粉末の潜在水硬性やフライアッシュのポゾラン反応性と同様に，コンクリート中において水和生成物との反応性を有し，石炭ガス化スラグ細骨材の周囲には反応相が形成される．この指針において，石炭ガス化スラグ細骨材の反応性は主としてポゾラン反応性を指すこととしたが，実際には，石炭ガス化スラグ細骨材の品質によって潜在水硬性とポゾラン反応性のどちらも起こり得る．石炭ガス化スラグ細骨材を使用したコンクリートは，石炭ガス化スラグ細骨材とセメントペーストとの界面遷移領域の細孔構造が緻密化し，これによって圧縮強度の増進，物質の透過に対する抵抗性の向上等の有益な効果も期待できる．一方，石炭ガス化スラグ細骨材の反応の進行速度や程度がコンクリートの特性値に与える影響を一般化するには，更なるデータの蓄積が必要である．このため，石炭ガス化スラグ細骨材の反応性によるコンクリートの特性値への有益な効果を期待し，これを設計に反映する場合には，実際に使用する材料を用いた室内試験や既存の構造物調査等に基づいて評価する必要がある．その際，石炭ガス化スラグ細骨材の反応は長期間に渡って進行することから，試験期間や試験方法等に留意し，特性値を定めることが望ましい．

2.8　アルカリシリカ反応性

　石炭ガス化スラグ細骨材は，アルカリシリカ反応性試験の結果が無害と判定されたものを使用する．

【解　説】　石炭ガス化スラグ細骨材は酸化カルシウムを含むガラス相で構成され，結晶鉱物はほとんど認められない．これまでの実績において，JIS A 1146「骨材のアルカリシリカ反応性試験方法（モルタルバー法）」による試験結果は，いずれも"無害"と判定されている．また，40℃の促進環境で5ヶ月間暴露した石炭ガス化スラグ細骨材コンクリート（アルカリ総量を $3.0\,kg/m^3$ に調整したもの）の偏光顕微鏡観察結果においても，石炭ガス化スラグ細骨材に由来するアルカリシリカゲルの滲出は確認されていない．これらのことから，

石炭ガス化スラグ細骨材そのものがアルカリシリカ反応を生じる可能性は極めて低いと考えられる．

　JIS A 5011-5 では，JIS A 1145「骨材のアルカリシリカ反応性試験方法（化学法）」により試験を行い，無害と判定されたもののみを用いることが規定されている．この指針も JIS の規定と同様に，試験によって無害であることが確認された石炭ガス化スラグ細骨材のみを用いることとした．

　一方で，2.2（化学成分）の解説で述べたとおり，石炭ガス化スラグ細骨材は酸化ナトリウム（Na_2O），酸化カリウム（K_2O）を多く含む場合があり，石炭ガス化スラグ細骨材そのものが無害であっても併用する普通骨材のアルカリシリカ反応には注意する必要がある．石炭ガス化スラグ細骨材を用いた場合のアルカリシリカ反応に対する抑制対策は，この指針の 3.5.4（アルカリシリカ反応に対する抵抗性）による．

2.9　環境安全性

　石炭ガス化スラグ細骨材は，石炭ガス化スラグ細骨材コンクリートを用いた構造物の用途に応じて，そのコンクリートが環境安全品質基準を満たすように配合条件を定めて用いる．

【解　説】　JIS A 5011-5 では，石炭ガス化スラグ細骨材が循環資材としてライフサイクルを通じて環境安全性を保つために確保すべき品質として，高炉スラグや銅スラグ等の他のスラグ骨材と同様に，環境安全品質基準とその試験方法が規定されている．これまでに実施した石炭ガス化スラグ細骨材の環境安全品質に関する溶出量および含有量の試験結果は，いずれも石炭ガス化スラグ細骨材試料の状態で JIS A 5011-5 の環境安全品質基準を満足している．一般に，使用する骨材が環境安全品質基準を満たすものであれば，その骨材を用いたコンクリートは，配合条件によらず所要の環境安全品質を有すると見なしてよい．したがって，石炭ガス化スラグ細骨材が環境安全品質に対して直ちに問題になることはないと考えられる．しかし，石炭ガス化スラグ細骨材は石炭中の灰分からなるスラグ骨材であり，化学成分は石炭灰と概ね同様である．このため，環境安全品質に関しては，「石炭灰混合材料有効利用ガイドライン　統合改訂版（一般財団法人　石炭エネルギーセンター，2018 年 2 月）」で必ず測定すべきとしている六価クロム，ひ素，セレン，ふっ素およびほう素の 5 項目については注意が必要である．

　石炭ガス化スラグ細骨材コンクリートは，**解説 表** 2.9.1 に示す 8 項目の化学成分について，JIS A 5011-5 の附属書 B に基づいて実施した試験結果が環境安全品質基準を満足する必要がある．環境安全品質として，一般用途については溶出量基準と含有量基準が，港湾用途については溶出量基準のみが定められている．ただし，用途が特定できない場合や港湾用途であっても，解体後に再利用を予定する場合は，再利用先が港湾用途以外になることも考えられるため，一般用途として取り扱う．

解説 表2.9.1　JIS A 5011-5における環境安全品質基準[88]

(a)　一般用途の場合

項目	溶出量（mg/L）	含有量*（mg/kg）
カドミウム	0.01 以下	150 以下
鉛	0.01 以下	150 以下
六価クロム	0.05 以下	250 以下
ひ素	0.01 以下	150 以下
水銀	0.0005 以下	15 以下
セレン	0.01 以下	150 以下
ふっ素	0.8 以下	4000 以下
ほう素	1 以下	4000 以下

*　ここでいう含有量とは，同語が一般的に意味する"全含有量"とは異なることに注意を要する．

(b)　港湾用途の場合

項目	溶出量（mg/L）
カドミウム	0.03 以下
鉛	0.03 以下
六価クロム	0.15 以下
ひ素	0.03 以下
水銀	0.0015 以下
セレン	0.03 以下
ふっ素	15 以下
ほう素	20 以下

　石炭ガス化スラグ細骨材の環境安全性を保証する検査は，石炭ガス化スラグ細骨材コンクリートの環境安全品質基準への適合性を判定するための環境安全形式検査と，石炭ガス化スラグ細骨材の受渡しのロット単位で，これを用いた石炭ガス化スラグ細骨材コンクリートが環境安全品質基準に適合することを保証するための環境安全受渡検査で構成される．環境安全形式検査では，利用模擬試料と石炭ガス化スラグ細骨材試料いずれかの試料を用いて検査を行うが，石炭ガス化スラグ細骨材は単独の状態で溶出量，含有量の環境安全品質基準を満足すると考えられることから，環境安全形式検査には石炭ガス化スラグ細骨材試料が用いられ，配合条件を限定しない場合が多い．環境安全形式検査に利用模擬試料を用いる場合，その保証は，環境安全形式試験成績書に示される配合条件と同一とみなせる範囲に限定される．ただし，これは厳密に配合条件が一致することを要件とするものではなく，例えば，水セメント比の低減，セメントの種類や他の骨材の種類の変更等，石炭ガス化スラグ細骨材に起因する環境安全品質に悪影響を及ぼさない配合条件の変更は問題とならない．このような条件の変更に対して合理的な管理を行う上で，環境安全形式検査により環境安全性を保証する配合条件の範囲を受渡当事者間の協議によってあらかじめ定めておくとよい．なお，環境安全形式検査は，少なくとも3年に1度，かつ製造設備の改良，製造プロセス，原料等の変更の都度，利用模擬試料として使用するコンクリートの配合条件を新たに定める都度，石炭ガス化スラグ細骨材の製造事業者によって実施される．

　環境安全受渡検査では，石炭ガス化スラグ細骨材の受渡しのロット単位で，環境安全受渡検査判定値によって検査する．ここで，環境安全受渡検査判定値は，環境安全形式検査に利用模擬試料を用いている場合，環境安全形式試験のデータおよび環境安全形式検査に用いた同一の製造条件から採取した石炭ガス化スラグ

細骨材試料を用いた環境安全受渡試験のデータに基づき，利用状態における石炭ガス化スラグ細骨材コンクリートが環境安全品質基準に適合するように石炭ガス化スラグ細骨材の製造事業者が判定値を設定する．環境安全形式検査に石炭ガス化スラグ細骨材試料を用いている場合の判定値は，一般に環境安全品質基準と同じ値が用いられる．石炭ガス化スラグ細骨材の使用者，すなわち石炭ガス化スラグ細骨材コンクリートの製造事業者は，石炭ガス化スラグ細骨材の受入れにあたって，環境安全受渡検査に合格していることを確認する．

3章　石炭ガス化スラグ細骨材コンクリートの品質・性能

3.1　一　　般

　石炭ガス化スラグ細骨材コンクリートは，品質のばらつきが少なく，施工の各作業に適したワーカビリティーを有するとともに，硬化後は所要の強度，物質の透過に対する抵抗性，劣化に対する抵抗性，環境安全性等を有するものを用いる．

【解　説】　石炭ガス化スラグ細骨材コンクリートを用いて所要の性能を有する構造物を造るためには，一般のコンクリートと同様に，それらの要求性能を構造物に付与でき，かつ適切な製造・施工を行うことができるコンクリートを用いる必要がある．この章では，この原則に基づいて石炭ガス化スラグ細骨材コンクリートに要求される基本的な品質・性能について規定する．なお，材料に含有する，あるいは材料から溶出する重金属等の化学物質が人および自然環境に悪影響を及ぼさないために，石炭ガス化スラグ細骨材コンクリートが確保しなければならない環境安全品質は，この指針の 2.9（環境安全性）に示す．

　石炭ガス化スラグ細骨材コンクリートは，同一水セメント比の普通骨材コンクリートと比べて，初期の強度がやや低くなる場合がある．一方で，石炭ガス化スラグ細骨材は，高炉スラグやフライアッシュのようにコンクリート中において反応性を有し，セメントペーストとの界面では反応相の形成によって遷移帯が緻密化し，強度の増進や物質の透過に対する抵抗性の向上をもたらす場合がある．このような効果を得るには，石炭ガス化スラグ細骨材の品質管理は元より，適切な配合選定，適切な施工，適切な養生を行うことが極めて重要である．

3.2　ワーカビリティー

3.2.1　一　　般

　石炭ガス化スラグ細骨材コンクリートは，施工条件，構造条件，環境条件に応じて，その運搬，打込み，締固め，仕上げ等の作業に適した良好なワーカビリティーを有するものを用いる．

【解　説】　所要の性能を有するコンクリート構造物を構築するためには，コンクリートの運搬，打込み，締固め，仕上げ等の作業が適切に行われる必要がある．石炭ガス化スラグ細骨材は，絶乾密度が 2.5〜3.1 g/cm³ と普通骨材と比べてやや大きく，またガラス質で表面が極めて平滑であるため保水性が低い．このため，石炭ガス化スラグ細骨材混合率を過度に高くすると，他のスラグ骨材と同様に，ブリーディング量が増大する場合がある．石炭ガス化スラグ細骨材コンクリートのワーカビリティーは，石炭ガス化スラグ細骨材混合率が 50 ％以下であれば，一般のコンクリートと概ね同様に取り扱えると考えてよい．なお，ブリーディングや材料分離に対して特別に配慮が必要な場合は，所要の品質が得られるように石炭ガス化スラグ細骨材混合率

を 30 ％以下にする，減水効果の大きい混和剤を使用する，各種微粉末を用いて材料の分離抵抗性を向上させる等の適切な対策の検討を行う．

3.2.2　充　填　性

（1）　石炭ガス化スラグ細骨材コンクリートは，構造物の種類，部材の種類および大きさ，鋼材量や鋼材の最小のあき等の配筋条件とともに，打込みや締固めの作業方法等を考慮して，これらの作業が可能な充填性を有するものを用いる．

（2）　充填性は，コンクリートの流動性と材料分離抵抗性に基づいて定める．

（3）　石炭ガス化スラグ細骨材コンクリートの流動性は，打込み時の最小スランプを適切に設定することによって確保することを標準とする．

（4）　石炭ガス化スラグ細骨材コンクリートの材料分離抵抗性は，単位セメント量または単位粉体量，細骨材率，化学混和剤の種類または添加量等を適切に設定することによって確保することを標準とする．

【解　説】　　(1) および (2) について　　コンクリートに要求される充填性とは，振動締固めを通じて，コンクリートが材料分離することなく鉄筋間を通過し，かぶり部や隅角部等に密実に充填できる性能である．作業の条件に応じて必要とされる充填性は異なるため，種々の施工条件を考慮して適切な充填性を設定する必要がある．

(3) について　　コンクリートの密実な充填性を得るためには，打込み時に必要なスランプを確保しておく必要がある．このため，示方書［施工編］に示されるように，施工方法や現場内の運搬方法等を考慮して打込み時の最小スランプを設定し，荷卸し時の目標スランプを選定するのがよい．

(4) について　　石炭ガス化スラグ細骨材混合率が高い場合にはコンクリートの材料分離抵抗性が低下する場合がある．そのような場合には，普通骨材コンクリートより単位粉体量を多くする，細骨材率を増加させる，減水効果の大きい化学混和剤を使用し，単位水量を低減する等の対策を講じるとよい．

3.2.3　圧　送　性

ポンプを用いて施工する場合，石炭ガス化スラグ細骨材コンクリートは，圧送作業に適した流動性と材料分離抵抗性を有するものを用いる．

【解　説】　　ポンプを用いて施工する場合には，管内で閉塞を起こすことなく，計画された圧送条件の下で所要の圧送性を確保できることが必要であり，圧送前後でフレッシュコンクリートの品質が大きく変化しないことが望ましい．このような条件を満たすためには，コンクリートの配合のみでなく，ポンプの種類，輸送管の径，輸送距離等の施工条件等を総合的に勘案し，それぞれを適切に設定する必要がある．

石炭ガス化スラグ細骨材コンクリートの圧送性は，石炭ガス化スラグ細骨材混合率 50 ％以下であれば，普通骨材コンクリートと同等であることが実験によって確認されている．コンクリートの圧送性は流動性と材料分離抵抗性から決まるため，石炭ガス化スラグ細骨材コンクリートにおいても適切なスランプと単位粉体

量を設定することが基本となる．また，場内運搬の過程でスランプの低下が大きいコンクリートの場合，圧送作業に支障が出る可能性がある．その場合には，圧送に伴うスランプの変化を適切に考慮し，打込み時の最小スランプが確保されるよう荷卸し時の目標スランプや練上がり時の目標スランプを選定する必要がある．コンクリートの圧送計画は，土木学会　コンクリートライブラリー135「コンクリートのポンプ施工指針」（以下，「コンクリートのポンプ施工指針」という）を参考にするとよい．

3.2.4　凝結特性

　石炭ガス化スラグ細骨材コンクリートは，打重ね，仕上げ等の作業に適した凝結特性を有するものを用いる．

【解　説】　凝結特性は，コンクリートの許容打重ね時間間隔，仕上げ時期，型枠に作用する側圧等と関連し，一般に JIS A 1147「コンクリートの凝結時間試験方法」によって得られる凝結の始発時間と終結時間で評価される．石炭ガス化スラグ細骨材コンクリートの凝結時間は，石炭ガス化スラグ細骨材混合率50％以下であれば，普通骨材コンクリートと比べて同等かわずかに遅い程度であることが試験によって確認されている．したがって，一般的なコンクリート構造物と同様に，始発時間5〜7時間，終結時間6〜10時間程度として一般的な施工の計画を立てることができる．ただし，一般のコンクリートと同様に高炉セメントや中庸熱セメントを用いた場合には凝結が遅くなる傾向がある．また，暑中コンクリートや寒中コンクリート等では，打込み時期や打込み温度等によって凝結特性が変化する場合があることに留意する必要がある．

3.3　　強度およびヤング係数

3.3.1　強　　度

（1）　石炭ガス化スラグ細骨材コンクリートの強度は，所定の材齢において，その強度の試験値が指定された割合以上の確率で設計基準強度を下回ってはならない．

（2）　石炭ガス化スラグ細骨材コンクリートの強度は，材齢28日における標準養生供試体の試験値で表すことを原則とする．

（3）　石炭ガス化スラグ細骨材コンクリートは，製造・施工の各段階で必要な強度発現性を有するものを用いる．

【解　説】　（1）について　石炭ガス化スラグ細骨材コンクリートも他の材料と同様に品質のばらつきが必ずあるので，このことを十分に考慮して，設計基準強度を下回る確率がある一定の値になることが保証される目標値を定める必要がある．コンクリートの圧縮強度の試験値が設計基準強度を下回る確率に関しては，経済性等にも考慮し，土木構造物では一般に5％以下という値が用いられる．

　（2）について　標準養生における石炭ガス化スラグ細骨材コンクリートの圧縮強度の発現は，同一水セメント比の普通骨材コンクリートと比べて材齢28日程度までは同等かやや緩やかな傾向にあり，長期材齢，

特に材齢1年以上では石炭ガス化スラグ細骨材の反応性が強度増進に寄与して同等以上となる．このため，長期における力学特性が普通骨材コンクリートと同等以上となるように，材齢28日における強度とセメント水比の関係から配合選定や設計を行うことを原則とした．なお，石炭ガス化スラグ細骨材コンクリートの圧縮強度と引張強度の関係，圧縮強度と曲げ強度の関係は，普通骨材コンクリートと概ね同等であることが試験によって確認されている．また，付着特性についても普通骨材コンクリートと概ね同等であることが確認されている．

　（3）について　製造・施工の手順によって，脱型，運搬，型枠および支保工の取外し等各段階で強度の発現が求められる場合は，対象製品や構造物と同一の養生を行った供試体を用いて，保証すべき材齢における強度を確認することが必要である．

3.3.2　ヤング係数

　石炭ガス化スラグ細骨材コンクリートは，設計で定めたヤング係数と同等のものを用いる．

【解　説】　標準養生における石炭ガス化スラグ細骨材コンクリートのヤング係数は，圧縮強度が同じ普通骨材コンクリートと比べて同等かやや大きくなる傾向にあり，石炭ガス化スラグ細骨材混合率100％では1〜2割程度大きくなる場合がある．これは，普通骨材と比較して石炭ガス化スラグ細骨材自身のヤング係数が大きいことに起因する．なお，石炭ガス化スラグ細骨材混合率50％以下の場合は，普通骨材コンクリートと同等と考えてよい．一般に，ヤング係数が大きいと部材の剛性は高くなり，外力等に伴う変形量は小さくなる．一方で，同一変位量に対する応力は大きくなるため，ヤング係数が大きいことは必ずしも有利とならない場合がある．したがって，石炭ガス化スラグ細骨材コンクリートにおいても，設計で定めたヤング係数と同等のヤング係数を有するコンクリートを用いることとした．

　また，石炭ガス化スラグ細骨材コンクリートが著しい乾燥の影響を受けると，ヤング係数が普通骨材コンクリートより低下する場合がある．このため，石炭ガス化スラグ細骨材コンクリートを著しい乾燥環境で使用する場合には，実際の環境条件を考慮した試験によってヤング係数を確認するのがよい．

3.4　単位容積質量

　石炭ガス化スラグ細骨材コンクリートは，設計で定めた単位容積質量の条件を満たすものを用いる．

【解　説】　石炭ガス化スラグ細骨材の絶乾密度は，2.5〜3.1 g/cm³ の範囲に分布し，一般的な普通細骨材と比べるとやや大きい．このことから，石炭ガス化スラグ細骨材の使用量の増加に伴って，コンクリートの単位容積質量も大きくなり，例えば，絶乾密度 3.0 g/cm³ の石炭ガス化スラグ細骨材を用いた場合，石炭ガス化スラグ細骨材混合率50％の石炭ガス化スラグ細骨材コンクリートの単位容積質量は，普通骨材コンクリートより 100 kg/m³ 程度大きくなる．

　単位容積質量の増加は，橋梁上部工やスラブ部材等では自重による断面力の増加に繋がる．他方，重力式護岸や擁壁等転倒・滑動に対する抵抗力を高めたい場合や，消波ブロック等浮力の影響を考慮する必要があ

る場合は，石炭ガス化スラグ細骨材の密度の高い性質を活かして高い混合率で利用するのが有効である．いずれにおいても，自重に対する配慮が必要な場合には，設計で定められた単位容積質量の条件を満足するように，実際に用いる石炭ガス化スラグ細骨材の絶乾密度を考慮の上，石炭ガス化スラグ細骨材混合率やコンクリートの配合を定める必要がある．

3.5　各種作用に対する抵抗性

3.5.1　一　　般

　石炭ガス化スラグ細骨材コンクリートは，内部に配置される鋼材の腐食の要因となる物質の透過に対する抵抗性を有するとともに，構造物の供用期間中に受ける種々の物理的，化学的作用による劣化に対して十分な抵抗性を有するものを用いる．

【解　説】　コンクリート構造物が供用期間中に所要の性能を発揮するためには，内部の鋼材を保護するために必要な物質の透過に対する抵抗性，ならびに各種のコンクリートの劣化に対する抵抗性が必要となる．鋼材腐食は，主として塩害と中性化，さらにそれらの劣化現象を促進する原因となり得るひび割れが関係する．また，コンクリートの劣化には，凍害，アルカリシリカ反応，化学的侵食等がある．構造物が供用される環境において，これら劣化のいずれか，または複数の劣化に対する抵抗性が要求される場合には，それぞれの劣化要因に対して十分に抵抗できるコンクリートを使用する必要がある．

　コンクリート構造物が十分な耐久性を有していることを確かめる方法は，この指針の4章（石炭ガス化スラグ細骨材コンクリートを用いた構造物の設計），または示方書［設計編］に示されている．石炭ガス化スラグ細骨材コンクリートの材料および配合は，これらの照査を満足するように選定する必要がある．ただし，アルカリシリカ反応に対する照査方法は，示方書［設計編］には示されていないため，アルカリシリカ反応の抑制については，この指針の3.5.4（アルカリシリカ反応に対する抵抗性）による．

3.5.2　物質の透過に対する抵抗性

　石炭ガス化スラグ細骨材コンクリートは，供用期間中，その内部に配置される鋼材の腐食が進行しないよう物質の透過に対する抵抗性を有するものを用いる．

【解　説】　石炭ガス化スラグ細骨材コンクリートは，石炭ガス化スラグ細骨材の反応性によってセメントペーストとの界面遷移領域が改質されて緻密な組織になる．このため，石炭ガス化スラグ細骨材コンクリートは，物質の透過に対して普通骨材コンクリートより高い抵抗性を有し，中性化速度係数は同等以下，水分浸透速度係数，塩化物イオンの拡散係数は石炭ガス化スラグ細骨材混合率および材齢経過に伴って低減される傾向であることが試験によって確認されている．この効果が十分に発揮されるには，対象となる石炭ガス化スラグ細骨材コンクリートの湿潤養生を適切な期間に渡って実施する必要がある．

　なお，石炭ガス化スラグ細骨材の反応性に伴う品質向上を一般化するには，実環境における実績を含めた

更なるデータの蓄積が必要である．そのため，この指針では石炭ガス化スラグ細骨材コンクリートの物質の透過に対する抵抗性は一般のコンクリートと同等と考えて，安全側の評価となるようにしている．石炭ガス化スラグ細骨材による品質向上を積極的に期待し，設計に反映する場合には，実際に使用する材料を用いた室内試験や既存の構造物調査等に基づいて個別に検討を行い，期待する性能が得られることを確認する必要がある．

3.5.3　凍結融解抵抗性

　石炭ガス化スラグ細骨材コンクリートは，供用期間中に受ける凍結融解作用による劣化に対して，適切な抵抗性を有するものを用いる．

【解　説】　石炭ガス化スラグ細骨材コンクリートは，石炭ガス化スラグ細骨材中に含まれる炭素分が空気連行性に影響を及ぼすことが試験によって確認されている．また，石炭ガス化スラグ細骨材混合率を過度に高くすると，エントラップトエアの増加やブリーディング量の増大によって，凍結融解抵抗性の低下を招く場合がある．このため，石炭ガス化スラグ細骨材コンクリートに凍結融解抵抗性が求められる場合，石炭ガス化スラグ細骨材混合率や化学混和剤の種類・使用量を適切に選定することによって，凍結融解抵抗性の確保に有効な気泡を連行するとともに，ブリーディング量を抑制することが肝要である．なお，石炭ガス化スラグ細骨材混合率が 50 %以下であれば，打込み面の表面損傷（スケーリング）に対する抵抗性はやや低下する傾向があるものの，相対動弾性係数の有意な低下は認められず，一般のコンクリートと同等の凍結融解抵抗性を有すると考えてよい．ただし，凍結融解作用の条件が特に厳しい場合や設計耐用期間を長く設定する場合には，十分な凍結融解抵抗性を確保するために，適量の AE 剤を使用して空気量を 5 %以上とするのがよい．

3.5.4　アルカリシリカ反応に対する抵抗性

　石炭ガス化スラグ細骨材コンクリートは，石炭ガス化スラグ細骨材の化学成分，普通骨材の品質等に応じた適切な抑制対策によって，アルカリシリカ反応に対する抵抗性を有するものを用いる．

【解　説】　石炭ガス化スラグ細骨材には，酸化ナトリウム（Na_2O），酸化カリウム（K_2O）を多く含むものがある．そのため，併用する普通骨材にアルカリシリカ反応性を有する普通骨材を用いると，石炭ガス化スラグ細骨材から溶出したアルカリの作用によってコンクリートの膨張を誘引・促進する恐れがある．したがって，石炭ガス化スラグ細骨材コンクリートは，アルカリシリカ反応に対して以下の(i), (ii)のいずれか，またはその両方の抑制対策を講じることとする．

(i)　アルカリシリカ反応抑制効果のある混合セメント等の使用

　混合セメント等を使用する場合，石炭ガス化スラグ細骨材混合率が 50 %以下であれば，JIS R 5211「高炉セメント」に適合する高炉セメント B 種（ただし，スラグ置換率 40 %以上のもの）もしくは C 種，または JIS R 5213「フライアッシュセメント」に適合するフライアッシュセメント B 種（ただし，フライアッシュ置

換率15％以上のもの）もしくはC種を用いる．なお，高炉スラグ微粉末またはフライアッシュを混和材として使用する場合は，併用するポルトランドセメントとの組合せにおいて，アルカリシリカ反応抑制効果があると確認された単位量で用いる．使用するコンクリートの配合条件や普通骨材の品質，石炭ガス化スラグ細骨材の化学成分，石炭ガス化スラグ細骨材コンクリートを適用する構造物の重要度や設計耐用期間等に応じて，アルカリシリカ反応によるリスクが高いと判断される場合は，(ii)の対策を併用する，または高炉スラグ微粉末やフライアッシュ等混和材の置換率を高めることが望ましい．

(ii)　安全と認められる普通骨材の使用

アルカリシリカ反応に対して安全と認められる普通骨材を用いる．なお，安全と認められる骨材とは，JIS A 1145，JIS A 1146によって「区分A：無害」と判定されたものを指す．ただし，判定の結果が区分Aであっても，アルカリシリカ反応性試験結果の傾向，同一骨材の実績，反応性鉱物の含有の有無等によっては，アルカリシリカ反応を生じるリスクを否定できない場合もある．この場合は(i)の対策を講じるものとする．

なお，実際に使用する材料を用いたコンクリートのJCI-S-010「コンクリートのアルカリシリカ反応性試験方法」等による膨張率試験や実績に基づいて，石炭ガス化スラグ細骨材コンクリートのアルカリシリカ反応に対する抵抗性を評価することが可能な場合は，上記(i)，(ii)によらず，安全が確認された配合条件（石炭ガス化スラグ細骨材混合率，セメント量，混和材の種類や置換率等）によって使用してもよい．また，今後データが蓄積されれば，この指針の［技術資料］の3.3.8の(3)（化学成分に基づく石炭ガス化スラグ細骨材混合率の最大値）によって，石炭ガス化スラグ細骨材から溶出するアルカリの作用を制限できる可能性がある．

ここで，一般のコンクリートでアルカリシリカ反応抑制対策の方法として用いられている「コンクリート中のアルカリ総量の抑制」は，安全と認められる普通骨材以外を用いた石炭ガス化スラグ細骨材コンクリートのアルカリシリカ反応抑制対策には適用できないことに注意する必要がある．これは，コンクリート中のアルカリ総量を規制した場合でも，石炭ガス化スラグ細骨材から溶出したアルカリの作用によって反応性骨材の膨張を必ずしも抑制できないためである．

3.5.5　その他の劣化に対する抵抗性

石炭ガス化スラグ細骨材コンクリートは，供用期間中に受ける硫酸等の化学的侵食，疲労，摩耗等の作用に対して，適切な抵抗性を有するものを用いる．

【解　説】　石炭ガス化スラグ細骨材コンクリートに対して，硫酸等による化学的侵食，疲労，摩耗等の作用に対する抵抗性を求める場合には，それらの品質を適切に評価できる指標を定め，適切な試験方法によってその品質を確認する必要がある．

3.6　水密性

石炭ガス化スラグ細骨材コンクリートは，透水によって構造物の機能が損なわれないよう，所要の水密性を有するものを用いる．

【解　説】　石炭ガス化スラグ細骨材コンクリートの透水係数は，普通骨材コンクリートと同等であることが確認されている．また，水分浸透速度係数をはじめ，物質の透過に対する抵抗性は向上する傾向にあることが確認されている．このため，石炭ガス化スラグ細骨材コンクリートを用いることは，構造物の水密性に対して有利に働くものと考えられる．水密性を必要とする構造物に石炭ガス化スラグ細骨材コンクリートを用いる場合は，一般のコンクリートと同様に，水セメント比を 55％以下にするとともに，適切な混和材料を使用すること等によってできるだけ単位水量を小さくする，また，施工において入念に締め固めることが重要である．

3.7　　ひび割れ抵抗性

　石炭ガス化スラグ細骨材コンクリートは，構造物の所要の性能に対して有害となる沈みひび割れ，プラスティック収縮ひび割れ，温度ひび割れ，自己収縮ひび割れ，あるいは乾燥収縮ひび割れ等の発生に対する抵抗性を有するものを用いる．

【解　説】　コンクリートの施工のごく初期に発生する主なひび割れとしては，沈みひび割れやプラスティック収縮ひび割れ等がある．これらのひび割れに対する抵抗性は，ブリーディング性状に大きく影響される．特に石炭ガス化スラグ細骨材混合率が高いコンクリートでは，ブリーディング量が増大する傾向にあることから，沈みひび割れを防ぐには，減水効果の大きい化学混和剤を用いて単位水量の少ない配合とすることが有効となる．また，施工上の配慮によってもひび割れの発生を防ぐことが可能であり，沈みひび割れは，ブリーディング量を低減するとともに適切な時期にタンピングや再振動を施すことで防ぐことができる．ただし，タンピングや再振動によって防げるのは打込み面の沈みひび割れであり，セパレータ等で拘束されて側面に発生するひび割れを防ぐことは難しい．このような場合には，配合を検討してブリーディング量を低減することが重要である．

　プラスティック収縮ひび割れは，コンクリートを打ち込んだ後に表面からの急速な乾燥を防止すれば，一般に防ぐことができる．プラスティック収縮ひび割れは，ブリーディング水の上昇速度に比べてコンクリート表面からの水分蒸発量が大きい場合に生じることから，粉体量が多く，ブリーディング量を低減したコンクリートでは特に水分逸散の防止が重要である．

　セメントの水和に起因するひび割れを防ぐためには，コンクリートの温度上昇を抑制する上で，水和熱の小さいセメントの使用や単位結合材量を小さくすることが有効である．ただし，石炭ガス化スラグ細骨材コンクリートのセメント量や粉体量を少なくし過ぎると，材料分離やブリーディング量が増大する場合があるため，適切な単位粉体量を定める必要がある．なお，石炭ガス化スラグ細骨材コンクリートの熱膨張係数は，普通骨材コンクリートと同等かやや小さいことから，発生する温度応力は同等かやや低減されると考えてよい．

　石炭ガス化スラグ細骨材コンクリートの乾燥収縮ひずみは，普通骨材コンクリートと比べて小さいことが試験により明らかになっている．ただし，石炭ガス化スラグ細骨材コンクリートのひび割れ発生荷重またはひび割れ発生ひずみは，石炭ガス化スラグ細骨材がガラス質でやや脆性的な材料であるため，普通骨材コンクリートと比べて小さくなる場合がある．このため，石炭ガス化スラグ細骨材コンクリートのひび割れ抵抗性は，これらの影響を適切に考慮して検討することが重要である．

4章　石炭ガス化スラグ細骨材コンクリートを用いた構造物の設計

4.1　一　　般

（1）　石炭ガス化スラグ細骨材コンクリートを用いた構造物の設計では，要求性能に応じて設定した限界状態に対し，施工中および設計耐用期間中の作用を考慮した設計応答値が設計限界値に達しないことを照査する．

（2）　石炭ガス化スラグ細骨材コンクリートを用いた構造物の性能照査に用いる材料の設計値は，試験あるいは信頼できる資料に基づいて定めることを原則とする．

（3）　石炭ガス化スラグ細骨材コンクリートを用いた構造物の設計にあたり，この章に示していない事項は，示方書ならびに関連する規格・規準類に準拠する．

【解　説】　コンクリート構造物の設計においては，構造物に与えられる耐久性，使用性，安全性および復旧性といった複数の要求性能を明確に設定し，それぞれに対応する等価な限界状態が設定される．設計者はそれぞれの限界状態において，要求性能に応じた設計限界値が設定された上で荷重や環境の作用により生じる設計応答値を算定し，設計応答値が設計限界値を超えないことを照査する．その具体的な方法は，示方書〔設計編〕に従うものとし，この指針では，所要の性能を持つコンクリート構造物を構築するために，石炭ガス化スラグ細骨材コンクリートに求められる性能の照査方法を示す．

4.2　材料の設計値

4.2.1　強度，応力－ひずみ曲線，ヤング係数，ポアソン比

（1）　石炭ガス化スラグ細骨材コンクリートの強度の特性値は，原則として材齢 28 日における試験強度に基づいて定める．ただし，構造物の用途・機能，主な荷重の作用する時期および施工計画等に応じて，適切な材齢における試験強度に基づいて定めてもよい．
　圧縮強度試験は，JIS A 1108「コンクリートの圧縮強度試験方法」による．
　引張強度試験は，JIS A 1113「コンクリートの割裂引張強度試験方法」による．
　曲げ強度試験は，JIS A 1106「コンクリートの曲げ強度試験方法」による．
（2）　石炭ガス化スラグ細骨材コンクリートの付着強度および支圧強度の特性値は，適切な試験により求めた試験強度に基づいて定める．
（3）　石炭ガス化スラグ細骨材コンクリートの曲げひび割れ強度は，乾燥，水和熱，寸法の影響を考慮して適切に定める．
（4）　曲げモーメントおよび曲げモーメントと軸力を受ける部材の断面破壊の限界状態に対する照査において耐力を算定する場合の石炭ガス化スラグ細骨材コンクリートの応力－ひずみ曲線は，示方書〔設計

編］に示されるモデル化された応力－ひずみ曲線を用いてよい.

（5）　石炭ガス化スラグ細骨材コンクリートの破壊エネルギーは，適切な試験により求めることを原則とする.

（6）　石炭ガス化スラグ細骨材コンクリートのヤング係数は，原則として JIS A 1149「コンクリートの静弾性係数試験方法」によって求める.

（7）　石炭ガス化スラグ細骨材コンクリートのポアソン比は，弾性範囲内では一般に 0.2 としてよい.ただし，引張を受け，ひび割れを許容する場合は 0 とする.

【解　説】　　（1）について　石炭ガス化スラグ細骨材コンクリートの圧縮強度は，同一水セメント比の普通骨材コンクリートと比較して，材齢 28 日時点では同等かやや低下する傾向がある.しかし，材齢 1 年に及ぶと石炭ガス化スラグ細骨材の反応性による強度増進により，普通骨材コンクリート以上の圧縮強度に達することが期待できる.このことから石炭ガス化スラグ細骨材コンクリートの強度特性は，実際の使用において安全側の評価となるように，標準養生を行った供試体の材齢 28 日における試験強度に基づいて定めることを原則とした.なお，JIS A 5308「レディーミクストコンクリート」に適合するコンクリート，またはこれに準ずる品質のコンクリートを用いる場合には，購入者が指定する呼び強度の強度値を設計基準強度 f'_{ck} としてよい.

　石炭ガス化スラグ細骨材コンクリートの圧縮強度と引張強度との関係は，解説 図 4.2.1 に示すように石炭ガス化スラグ細骨材混合率によらず，普通骨材コンクリートと概ね同程度になるとの試験データが得られている.よって，石炭ガス化スラグ細骨材コンクリートの引張強度 f_{tk} は，一般のコンクリートと同様に，設計基準強度 f'_{ck} に基づいて，式（解 4.2.1）により求めてよいこととした.

$$f'_{tk} = 0.23 f'_{ck}{}^{2/3}$$
（解 4.2.1）

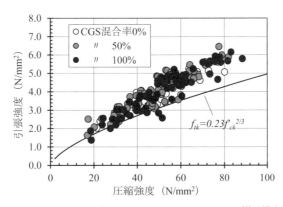

解説 図 4.2.1　圧縮強度と引張強度の関係 [69], [144] より作図

　（2）について　付着強度の試験方法は，JSCE-G 503「引抜き試験による鉄筋とコンクリートとの付着強度試験方法」による.石炭ガス化スラグ細骨材コンクリートは普通骨材コンクリートと比べてブリーディング量が多くなる傾向があるものの，鉄筋との付着性状は普通骨材コンクリートと同等であることが確認されている.したがって，打込み高さが小さい場合には，一般のコンクリートと同様に，付着強度の特性値 f_{bok} を設計基準強度 f'_{ck} に基づいて，式（解 4.2.2）により求めてもよい.ここで強度の単位は N/mm² である.なお，打込み高さが大きい場合等，ブリーディングの影響が懸念される場合には試験によって確認することが望ましい.

（JIS G 3112 の規定を満足し，引張降伏強度の特性値 f_{yk} が 685 N/mm^2 までの異形鉄筋の場合）

$$f_{bok} = 0.28 f'_{ck}{}^{2/3} \qquad\qquad (\leq 4.2\text{N/mm}^2) \qquad\qquad\qquad (\text{解 4.2.2})$$

　普通丸鋼を用いる場合の付着強度は，式（解 4.2.2）の 40％とする．ただし，鉄筋端部に半円フックを設けて定着することを前提とする．

　コンクリートの支圧強度は，一般に設計基準強度の関数として与えることができる．しかし，石炭ガス化スラグ細骨材コンクリートの支圧強度については十分な試験データがないことから，構造性能照査において支圧強度が必要となる場合には，模擬部材への局部的な載荷試験によって，支圧を受ける面積，コンクリート面の支圧分布面積，設計基準強度等を考慮の上，適切に支圧強度の特性値を定める必要がある．

　（3）について　石炭ガス化スラグ細骨材コンクリートの曲げひび割れ強度は，石炭ガス化スラグ細骨材自身の破壊特性，石炭ガス化スラグ細骨材コンクリートとしての長期強度増進，乾燥への応答等の相互影響によって，普通骨材コンクリートと概ね同等である．したがって，石炭ガス化スラグ細骨材コンクリートの曲げひび割れ強度 f_{bck} は，一般のコンクリートと同様に式（解 4.2.3）により求めてよい．

$$f_{bck} = k_{0b} \cdot k_{1b} \cdot f_{tk} \qquad\qquad\qquad\qquad\qquad (\text{解 4.2.3})$$

　ここに，

$$k_{0b} = 1 + \frac{1}{0.85 + 4.5(h/l_{ch})} \qquad\qquad\qquad\qquad (\text{解 4.2.4})$$

$$k_{1b} = \frac{0.55}{\sqrt[4]{h}} \qquad (\geq 0.4) \qquad\qquad\qquad\qquad (\text{解 4.2.5})$$

k_{0b}　：コンクリートの引張軟化特性に起因する引張強度と曲げ強度の関係を表す係数．
k_{1b}　：乾燥，水和熱等，その他の原因によるひび割れ強度の低下を表す係数．
h　　：部材の高さ（m）．（> 0.2）
l_{ch}　：特性長さ（m）．
　　　（$= G_F E_c/f_{tk}{}^2$，E_c：ヤング係数，G_F：破壊エネルギー，f_{tk}：引張強度の特性値）

　（4）について　応力－ひずみ曲線は，石炭ガス化スラグ細骨材コンクリートの場合もコンクリートの種類，材齢，作用する応力状態，載荷速度および載荷経路等によって相当に異なる．したがって，石炭ガス化スラグ細骨材コンクリートの応力－ひずみ曲線は，限界状態の照査の目的に応じて設定する必要がある．ただし，棒部材の断面終局耐力のように，応力－ひずみ曲線の相違が大きな影響を与えない場合があり，曲げモーメントおよび曲げモーメントと軸力を受ける部材の断面破壊の限界状態に対する照査において耐力を算定する場合は，一般のコンクリートと同様に示方書［設計編］に示されるモデル化された応力－ひずみ曲線を用いてよいこととした．

　（5）について　石炭ガス化スラグ細骨材コンクリートの破壊エネルギー G_F は，試験により求めることを原則とし，適切な試験方法としては，JCI-S-001「切欠きはりを用いたコンクリートの破壊エネルギー試験方法」を用いるのがよい．なお，同様の材料，配合のコンクリートの実績がある場合は，その実績に基づいて定めてもよい．

　石炭ガス化スラグ細骨材コンクリートの破壊エネルギーは，普通骨材コンクリートよりも大きくなるという報告がある．その要因として，石炭ガス化スラグ細骨材の表面が滑らかであるために，骨材表面を起点とする微細ひび割れが分散し，その微細ひび割れ発生に消費されるエネルギーが大きくなったことが推察され

ている．一方で，石炭ガス化スラグ細骨材自身は破砕値が大きく，相対的に脆い骨材であることから，石炭ガス化スラグ細骨材コンクリートの破壊エネルギーが普通骨材コンクリートに比べて小さくなる可能性も指摘されている．また，石炭ガス化スラグ細骨材コンクリートは長期の圧縮強度増進がみられる一方で，一般のコンクリートと同じように乾燥の進行に伴ってマイクロクラックが形成されることによって，見掛けの強度や破壊エネルギー，ヤング係数の低下が生じる可能性もある．試験によらずに破壊エネルギーを求める場合においては，このような背景を考慮した安全側の評価を得るため，材齢 28 日における設計基準強度を用いて，式（解 4.2.6）によって求めてもよい．

$$G_F = 10(d_{max})^{1/3} \cdot f'_{ck}{}^{1/3} \qquad\qquad\qquad (\text{解 } 4.2.6)$$

ここに，　　　G_F　　：コンクリートの破壊エネルギー（N/mm）．

　　　　　　　d_{max}　：粗骨材の最大寸法（mm）．

　　　　　　　f'_{ck}　：設計基準強度（N/mm²）．

　　(6) について　　石炭ガス化スラグ細骨材コンクリートのヤング係数は，JIS A 1149 により試験にて実測した値を用いることを原則とする．なお，石炭ガス化スラグ細骨材は骨材自身のヤング係数が高く，さらに石炭ガス化スラグ細骨材の反応性によって材齢の経過とともに強度増進することから，石炭ガス化スラグ細骨材コンクリートのヤング係数は，**解説 図 4.2.2** に示すように普通骨材コンクリートに比べて大きくなる場合が多く，この点を活かすことで設計を合理化できる可能性がある．ただし，若材齢時や設計基準強度が小さい場合，また，乾燥が著しい環境では，普通骨材コンクリートのヤング係数を下回る場合があることにも留意する必要がある．構造物の使用性の照査や疲労破壊に対する安全性の照査または不静定力の断面力の計算に用いるヤング係数は，一般のコンクリートと同様に式（解 4.2.7）から求められるヤング係数を用いてもよい．

$$E_c = \left(2.2 + \frac{f'_c - 18}{20}\right) \times 10^4 \qquad\qquad f'_c < 30\text{N/mm}^2$$

$$E_c = \left(2.8 + \frac{f'_c - 30}{33}\right) \times 10^4 \qquad\qquad 30 \leq f'_c < 40\text{N/mm}^2 \qquad (\text{解 } 4.2.7)$$

$$E_c = \left(3.1 + \frac{f'_c - 40}{50}\right) \times 10^4 \qquad\qquad 40 \leq f'_c < 70\text{N/mm}^2$$

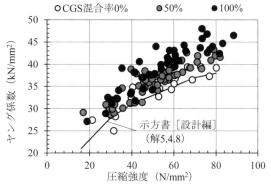

解説 図 4.2.2　圧縮強度とヤング係数の関係[69]より作図

　（7）について　石炭ガス化スラグ細骨材コンクリートのポアソン比は，圧縮強度 30〜50 N/mm² 程度を対象とした室内試験において，普通骨材コンクリートと同等であることが確認されている．

4.2.2　熱物性

　石炭ガス化スラグ細骨材コンクリートの熱伝導率，熱拡散率，比熱等の熱物性値は，その配合を考慮して試験あるいは既往のデータに基づいて定めることを原則とする．

【解　説】　コンクリートの熱物性は，一般に体積の大部分を占める骨材の特性によって大きく影響される．石炭ガス化スラグ細骨材コンクリートの熱物性は，石炭ガス化スラグ細骨材混合率や配合によっても相違することが想定されることから，その配合を考慮して試験あるいは既往のデータに基づいて定めることが原則である．なお，構成成分の割合を基礎とした複合材料の観点から，この指針の標準範囲である石炭ガス化スラグ細骨材混合率 50 % 以下では，石炭ガス化スラグ細骨材がコンクリートの熱物性に及ぼす影響は大きくても 1 割程度に限定される．そのため，特別な配慮を必要としない場合，石炭ガス化スラグ細骨材コンクリートの熱物性値は，一般的なコンクリートの熱物性値を用いてもよい．一般のコンクリートの熱伝導率 λ は 2.6〜2.8 W/m℃，比熱 C_C は 1.05〜1.26 kJ/kg℃，熱拡散率 $h_C{}^2$ は 0.83〜1.1×10⁻⁶ m²/sec 程度が用いられる．

4.2.3　中性化速度係数

　石炭ガス化スラグ細骨材コンクリートの中性化速度係数の特性値 α_k は，試験あるいは既往のデータに基づき，コンクリートの有効水結合材比から推定される予測値 α_p を用いてよい．

【解　説】　中性化速度係数は，中性化が進行する深さが暴露期間の平方根に比例するとした場合の比例定数である．この中性化速度係数は，中性化に伴う鋼材腐食を照査するために用いる係数であり，設計耐用期間中，中性化による鋼材腐食が生じないように，構造物が曝される環境を考慮して適切に設定する必要がある．

　コンクリートの中性化速度係数を試験により求める場合には，実際の施工をなるべく模擬した材料，配合および養生方法を用いてコンクリート試験体を作製した上で，実際に近い環境中に暴露するか，促進中性化試験の結果を基に暴露環境の影響を適切に考慮して中性化速度係数を算出するのがよい．コンクリートの中性化速度係数の特性値 α_k は，コンクリートの中性化速度係数の予測値 α_p を用いて式（解 4.2.8）により求める．

$$\alpha_k = \gamma_k \cdot \gamma_p \cdot \alpha_p \qquad\qquad（解 4.2.8）$$

ここに，　　γ_k　：特性値の設定に関する安全係数．一般に，材料物性がばらつきにより特性値を上回る確率を 50 % と想定し，1.0 としてよい．

　　　　　　γ_p　：材料特性の予測値の精度を考慮する安全係数．一般に 1.0 とするのがよい．

　コンクリートの中性化速度係数の予測値 α_p は，試験の結果あるいは既往のデータを基に式（解 4.2.9）によりコンクリートの有効水結合材比と結合材の種類から予測してもよい．

$$\alpha_p = a + b \cdot W/B \tag{解 4.2.9}$$

ここに，　　a, b　　：セメント（結合材）の種類に応じて実績から決まる係数．

　　　　　　　W/B　　：有効水結合材比．

なお，これまでに得られた JIS A 1153「コンクリートの促進中性化試験方法」に従って求めた石炭ガス化スラグ細骨材コンクリートの中性化速度係数は，普通骨材コンクリートと同等以下であることが確認されている．

4.2.4　水分浸透速度係数

石炭ガス化スラグ細骨材コンクリートの水分浸透速度係数の特性値 q_k は，試験あるいは既往のデータに基づき推定される予測値 q_p を用いて定めてよい．コンクリートの水分浸透速度係数の予測値 q_p は，次のいずれかの方法で求めるのがよい．

(i)　浸せき法を用いた室内試験

(ii)　水結合材比と水分浸透速度係数との関係式

【解　説】　コンクリートの水分浸透速度係数の予測値 q_p を室内試験により求める場合には，JSCE-G 582「短期の水掛かりを受けるコンクリート中の水分浸透速度係数試験方法（案）」に準拠するとよい．JSCE-G 582 では，降雨や一時的な水の作用といった短期的な水掛かりによる水分浸透を想定しており，所定の養生後，室内で 91 日間静置した後に浸せき試験を実施する．浸せき後 5～48 時間に供試体を割裂して，割裂面で確認される浸透深さから水分浸透速度係数を求める試験である．JSCE-G 582 では鉛直上向きの浸透を対象とするが，浸透挙動は吸水の方向に影響されないことが確認されている．なお，コンクリートの水分浸透速度係数は，コンクリートの材齢や乾燥状態の影響を強く受ける．例えば，試験開始材齢が短いと，コンクリートがまだ水を多く含むために見掛け上コンクリートの水分浸透速度係数が小さくなる可能性がある．また，長時間の封かん養生を行った場合では，材齢初期ではコンクリートの水分浸透速度係数が小さくなるものの，経年により養生効果の差異が少なくなる可能性がある．したがって，試験を行う際にはこれらの点に留意した上で，コンクリートの水分浸透速度係数の予測値 q_p を求めることが重要である．コンクリートの水分浸透速度係数の特性値 q_k はコンクリートの水分浸透速度係数の予測値 q_p を用いて式（解 4.2.10）により求める．

$$q_k = \gamma_k \cdot \gamma_p \cdot q_p \tag{解 4.2.10}$$

ここに，　　γ_k　　：特性値の設定に関する安全係数．一般に材料物性がばらつきにより特性値を上回る確率を 50% と想定し，1.0 としてよい．

　　　　　　　γ_p　　：材料特性の予測値の精度を考慮する安全係数．一般に 1.0 とするのがよい．

コンクリートに使用する結合材が，普通ポルトランドセメント，高炉セメント B 種，フライアッシュセメント B 種である場合には，コンクリートの水分浸透速度係数の予測値 q_p（mm$/\sqrt{}$時間）を試験により求めるのに代えて，一般のコンクリートと同様に，式（解 4.2.11）によりコンクリートの水結合材比から予測してもよい．

$$q_k = 32 \cdot (W/B)^2 \qquad (0.40 \leq W/B \leq 0.60) \hspace{4cm} (解\,4.2.11)$$

ここに，　　　W/B　：水結合材比．

　式（解 4.2.11）は，一般のコンクリートを対象とした既往の実験結果を基に，示方書［施工編］で定めた標準的な養生に相当する養生が行われた場合を前提として，示方書［設計編］に示されているものである．石炭ガス化スラグ細骨材コンクリートの水分浸透速度係数は，普通骨材コンクリートと比べて，同等かやや小さくなることが試験によって確認されている．これは，石炭ガス化スラグ細骨材が，その反応性によって遷移帯を緻密化する作用を有するためであり，その効果は石炭ガス化スラグ細骨材の品質やコンクリートの配合によって異なり，これを一般化するには更なるデータの蓄積が必要である．そのため，ここでは安全側の評価となるように一般のコンクリートに用いられる評価式を用いてよいこととした．石炭ガス化スラグ細骨材利用による品質向上を積極的に期待し，設計に反映する場合には，実際に使用する材料を用いた室内試験や既存の構造物調査等に基づいて個別に検討を行い，期待する性能が得られることを確認する必要がある．なお，コンクリートの水分浸透速度係数は，セメント，混和材，骨材等の使用材料の種類と量およびその品質，ならびに打込み，締固め，養生等の施工方法によっても変化すると考えられるので，必要によりこれらの影響を考慮して予測するのがよい．よって，蒸気養生を行ったコンクリートについても実際の養生条件を考慮した予測が必要である．

4.2.5　塩化物イオン拡散係数

　石炭ガス化スラグ細骨材コンクリートの塩化物イオンに対する拡散係数の特性値 D_k は，試験あるいは既往のデータに基づき，推定される予測値 D_p を用いて設定してよい．コンクリートの塩化物イオン拡散係数の予測値 D_p は，次のいずれかの方法で求めるのがよい．

　(i)　水セメント比および設計耐用年数と見掛けの拡散係数との関係式

　(ii)　電気泳動法や浸せき法を用いた室内試験または自然暴露実験

　(iii)　実構造物調査

【解　説】　この指針の 4.3.1（鋼材腐食に対する照査）において，鋼材位置の塩化物イオン濃度を算定する際に用いるコンクリートの塩化物イオンに対する拡散係数の特性値 D_k は Fick の拡散則に現れる係数で，拡散の速さを規定するものである．しかし，実際のコンクリート内部への塩化物イオンの浸透現象は，Fick の拡散則で仮定される濃度勾配を駆動力とする拡散現象のみに支配されるものではない．例えば，乾湿繰返し等の条件下では内部の液状水の移動によって輸送される機構が卓越すること，また材齢とともに水和反応が継続してコンクリートの細孔構造が緻密になる等の理由から時間の経過とともに測定される見掛けの拡散係数は小さくなることが知られている．石炭ガス化スラグ細骨材コンクリートもこれらの影響を受けるため，石炭ガス化スラグ細骨材の品質や石炭ガス化スラグ細骨材混合率が同じであっても，拡散係数は異なることがある．

　石炭ガス化スラグ細骨材コンクリートの塩化物イオンに対する拡散係数は，使用する材料や配合，養生条件等にも影響を受ける．石炭ガス化スラグ細骨材混合率が高いほど，または湿潤養生期間を長くするほど，普通細骨材を使用したときと比較して拡散係数は小さくなる傾向がある．また，塩水浸せき試験や干満帯や

海中部では，塩水や海水が作用している期間が長いほど，石炭ガス化スラグ細骨材の反応が進行することによる組織の緻密化が見掛けの拡散係数を低減させる傾向がある．なお，石炭ガス化スラグ細骨材による拡散係数の低減効果は石炭ガス化スラグ細骨材の品質によっても異なることが確認されている．

拡散係数を求める試験方法には，(i) 水セメント比および設計耐用年数と見掛けの拡散係数との関係式，(ii) 電気泳動法や浸せき法を用いた室内試験または自然暴露実験，(iii) 実構造物調査がある．コンクリートの塩化物イオン拡散係数の特性値 D_k はコンクリートの塩化物イオンの予測値 D_p を用いて，式（解 4.2.12）により求める．

$$D_k = \gamma_k \cdot \gamma_p \cdot D_p \qquad \text{（解 4.2.12）}$$

ここに，　γ_k　：特性値の設定に関する安全係数．一般に，材料物性がばらつきにより特性値を上回る確率を 25% とし，式（解 4.2.14）～（解 4.2.16）に定めた際の根拠となるデータのばらつきに基づいて，2.1 とするのがよい．

　γ_p　：材料物性の予測値の精度を考慮する安全係数．材料物性の予測値を与える方法に応じて適切な値を設定する．

(i) について　この指針の［技術資料］3.3.6（塩害に対する抵抗性）によれば，石炭ガス化スラグ細骨材コンクリートの塩化物イオンに対する見掛けの拡散係数は，普通骨材を用いた場合と比較して小さくなる．ただし，その効果を一般化するには更なるデータの蓄積が必要である．このため，石炭ガス化スラグ細骨材コンクリートの塩化物イオン拡散係数の予測値 D_p を，コンクリートの使用材料，配合により予測する場合は，安全側の評価となるように示方書［設計編］に示される式（解 4.2.13）を用いて求めてもよいこととした．石炭ガス化スラグ細骨材利用による品質向上を積極的に期待し，設計に反映する場合には，(ii)または(iii)により，実際に使用する材料を用いた室内試験や既存の構造物調査等に基づいて個別に検討を行うものとする．

$$D_p(t) = D_r \cdot t^{-k_D} \qquad \text{（解 4.2.13）}$$

ここに，　t　：塩化物イオンの侵入に対する設計耐用年数（年）．

　D_r　：見掛けの拡散係数（cm²/年）．設計耐用年数を 1 年とした時の値とする．

　k_D　：設計耐用年数感度パラメータ．

(a) 普通ポルトランドセメント，低熱ポルトランドセメントを使用する場合

$$log_{10}D_r = 3.4(W/C) - 1.3, \quad k_D = 0.52 \quad (0.30 \leq W/C \leq 0.55) \qquad \text{（解 4.2.14）}$$

(b) 高炉セメント B 種相当，シリカフュームを使用する場合

$$log_{10}D_r = 3.4(W/C) - 1.7, \quad k_D = 0.64 \quad (0.30 \leq W/C \leq 0.55) \qquad \text{（解 4.2.15）}$$

(c) フライアッシュセメント B 種相当を使用する場合

$$log_{10}D_r = 3.4(W/C) - 1.5, \quad k_D = 0.73 \quad (0.30 \leq W/C \leq 0.55) \qquad \text{（解 4.2.16）}$$

なお，(i)の方法により塩化物イオン拡散係数の予測値を求めた場合，式（解 4.2.12）における材料物性の予測値の精度を考慮する安全係数 γ_p は，一般に 1.0 とするのがよい．

(ii) について　室内試験によって拡散係数を求める方法は，材料設計の対象になる材料，配合に対して拡散係数を直接求められる利点がある．また，使用するコンクリート材料や配合の自由度が高まるので，特に実績の少ない新材料の利用を促進する上で有効である．試験の方法としては，JSCE-G 571「電気泳動によるコンクリート中の塩化物イオンの実効拡散係数試験方法」，JSCE-G 572「浸せきによるコンクリート中の塩

化物イオンの見掛けの拡散係数試験方法（案）」に準拠するとよい．なお，これらの方法による場合，低水結合材比のコンクリート，石炭ガス化スラグ細骨材混合率が高いコンクリート，湿潤養生日数が長いコンクリートでは，試験期間が長期になる場合がある．近年では，試験期間の短縮を目的に，電圧を印加した際の塩分浸透深さから拡散係数を迅速に求める試験方法（非定常電気泳動試験）の検討も行われている．

　電気泳動による方法は，コンクリートに直流定電圧を印加することによって，強制的に塩化物イオンを移動させ，その移動速度から拡散係数を求める．低水結合材比，混合セメントの使用，石炭ガス化スラグ細骨材混合率が高いコンクリートのように，浸せきによる方法では試験が長期化することが予想される場合に有効である．しかし，この方法から求まる拡散係数は照査に直接使用できる見掛けの拡散係数ではなく，コンクリートの細孔溶液中における塩化物イオンの移動し易さを表す実効拡散係数を測定する方法である．このため，得られた値はそのまま照査に用いることはできない．この試験によって得られる材料物性値の性質や意味を十分に理解して，別途，見掛けの拡散係数に変換する補正係数を適切に検討した上で，照査に用いる拡散係数の特性値を定める必要がある．ただし，石炭ガス化スラグ細骨材の特性を適切に考慮できる補正の方法は，現状では十分に整理できていない．このため，電気泳動による方法により得られた実効拡散係数から見掛けの拡散係数を定める場合には，この指針の［技術資料］や示方書［設計編］等を参考にしながらその補正の方法について事前に検討しておくのが肝要である．なお，得られた実効拡散係数から見掛けの拡散係数を得る方法としては，示方書［設計編］に示されている式（解4.2.17）を参考にするとよい．

$$D_{re} = k_1 \cdot k_2 \cdot D_e \tag{解4.2.17}$$

ここに，　　D_{re}　　：電気泳動試験による実効拡散係数から換算した見掛けの拡散係数（cm²/年）．

　　　　　　D_e　　：電気泳動試験による実効拡散係数（cm²/年）．

　　　　　　k_1　　：コンクリート表面におけるコンクリート側，陰極側，溶液側それぞれの塩化物イオン濃度の釣合に関わる係数．

　　　　　　k_2　　：セメント水和物中への塩化物イオンの固定化現象に関わる係数．

(a) 普通ポルトランドセメントを使用する場合

$$k_1 \cdot k_2 = 0.21 \cdot exp\{1.8(W/C)\} \quad (0.30 \leq W/C \leq 0.55) \tag{解4.2.18}$$

(b) 低熱ポルトランドセメントを使用する場合

$$k_1 \cdot k_2 = 0.15 \cdot exp\{3.1(W/C)\} \quad (0.30 \leq W/C \leq 0.55) \tag{解4.2.19}$$

(c) 高炉セメントB種相当を使用する場合

$$k_1 \cdot k_2 = 0.14 \cdot exp\{1.6(W/C)\} \quad (0.30 \leq W/C \leq 0.55) \tag{解4.2.20}$$

(d) フライアッシュセメントB種相当を使用する場合

$$k_1 \cdot k_2 = 0.37 \cdot exp\{1.1(W/C)\} \quad (0.30 \leq W/C \leq 0.55) \tag{解4.2.21}$$

　コンクリートの塩化物イオン拡散係数の予測値 D_p は電気泳動試験による実効拡散係数から換算した見掛けの拡散係数 D_{re} を用いて以下のように求めるとよい．

$$D_p(t) = \rho_m \cdot D_{re} \cdot t^{-k_D} \tag{解4.2.22}$$

ここに，　　t　　：設計耐用年数（年）．

　　　　　　ρ_m　　：材料物性の予測値と算定値との相違を考慮する材料修正係数．材料物性の算定値を与える方法に応じて適切な値を設定する．

　　　　　　k_D　　：設計耐用年数感度パラメータ．式（解4.2.14）〜（解4.2.16）を参照してよい．

　なお,電気泳動試験により塩化物イオン拡散係数の予測値を求めた場合,材料修正係数 ρ_m は,式(解4.2.18)～(解 4.2.21)を定めた際の根拠となる電気泳動試験によるデータの中央値と式(解 4.2.14)～(解 4.2.16)を定めた際の根拠となる実構造物測定および暴露試験によるデータの中央値との差異を考慮して,一般に 3.9 とするのがよい.また,式(解 4.2.12)における材料物性の予測値の精度を考慮する安全係数 γ_p は,一般に 1.0 とするのがよい.

　浸せきによる方法は,濃度を高めた塩水中にコンクリート供試体を所定期間浸せきさせ,その後,供試体をスライスして深さごとにコンクリート中の塩化物イオン濃度を求めて,その分布から拡散係数を算出する方法である.この方法の特徴は,見掛けの拡散係数を直接測定できることにある.ただし,試験期間が数か月かかり,特に 40 ％以下の低水セメント比のコンクリートにおいては試験期間が 1 年を超える場合も予想される.このように水セメント比が小さく,浸せき法を用いてもコンクリート中へ浸入する塩化物イオンが表面近傍に限定されるときは,JSCE-G574「EPMA 法によるコンクリート中の元素の面分析方法」に準拠するか,研削して試料を採取して塩化物イオン濃度の測定間隔を狭める等をして,見掛けの拡散係数を計算するための濃度分布を求めるとよい.

　自然暴露実験供試体を用いる場合,設計対象となる構造物の環境を比較的適切に反映できるので有効である.低水セメント比では浸せき試験と同様に暴露期間が長期化する.

　コンクリートの塩化物イオン拡散係数の予測値 D_p は浸せき法や自然暴露実験を用いて得られた拡散係数 D_{ap} を用いて以下のように求めるとよい.

$$D_p(t) = D_{ap} \cdot \left(\frac{t}{t_{ap}}\right)^{-k_D} \tag{解 4.2.23}$$

　　ここに,　　D_{ap}　：浸せき法や自然暴露実験を用いて得られた見掛けの拡散係数（cm²/年）.
　　　　　　　 t　：設計耐用年数（年）.
　　　　　　　 t_{ap}　：拡散係数 D_{ap} の算出に用いた浸せき期間・暴露期間（年）.
　　　　　　　 k_D　：設計耐用年数感度パラメータ.式（解 4.2.14）～（解 4.2.16）を参照してよい.ただし,3 期間以上の複数の浸せき期間や暴露期間で拡散係数を求めることができる場合は,式（解 4.2.23）を用いて回帰することで k_D を定めるのがよい.

　なお,浸せき試験により塩化物イオン拡散係数の予測値を求めた場合,式（解 4.2.12）における材料物性の予測値の精度を考慮する安全係数 γ_p は,浸せき法によるデータの中央値と実構造物測定および暴露試験によるデータの中央値との差異を考慮して一般に 1.2 とするのがよい.また,自然暴露実験供試体を用いて拡散係数を得た場合は,一般に 1.0 とするのがよい.

　(iii) について　試験室レベルでの塩化物イオン拡散係数試験方法とは別に,構造物中のコンクリートにおける塩化物イオン濃度分布を測定する方法もある.その場合には,JSCE-G573「実構造物におけるコンクリート中の全塩化物イオン分布の測定方法（案）」に準拠するとよい.この方法では,構造物から採取した試料について塩化物イオン濃度分布を測定することで見掛けの拡散係数を算出する.これによって求められる実構造物中のコンクリートの見掛けの拡散係数の予測値 D_p は,式（解 4.2.23）ならびに式（解 4.2.14）～（解 4.2.16）に示す設計耐用年数感度パラメータ k_D を利用する等して,設計耐用年数に応じた拡散係数の特性値に換算して用いることが望ましい.なお,(iii)の方法により塩化物イオン拡散係数の予測値を求めた場合,式（解 4.2.13）における材料物性の予測値の精度を考慮する安全係数 γ_p は,一般に 1.0 とするのがよい.特に供用される期間と比べて短期間の試験で得られたデータを基に設計値を決定する場合は,暴露期間や測定す

る材齢によって見掛けの拡散係数が異なることに留意する必要がある.

　低水結合材比や混合セメントの使用，あるいは石炭ガス化スラグ細骨材混合率を高くして遮塩性を高めたコンクリートの場合には，暴露期間が短いと塩化物イオンの浸透深さが小さくなることがある．短期間で特性値を得るためには，JSCE-G 574 に準拠するか，研削して試料を採取して塩化物イオン濃度の測定間隔を狭めることで，見掛けの拡散係数を適切に求めることができる.

4.2.6　凍結融解試験における相対動弾性係数，スケーリング量

　（1）　石炭ガス化スラグ細骨材コンクリートの相対動弾性係数の特性値 E_k は，JIS A 1148「コンクリートの凍結融解試験方法」の A 法（水中凍結融解試験方法）による相対動弾性係数に基づいて定める.
　（2）石炭ガス化スラグ細骨材コンクリートのスケーリング量の特性値 d_k は，適切な試験方法で定める.

【解　説】　　（1）および（2）について　凍結融解作用によるコンクリートの内部損傷に対しては，凍結融解試験における相対動弾性係数を特性値とする．相対動弾性係数は，JIS A 1127「共鳴振動によるコンクリートの動弾性係数，動せん断弾性係数及びポアソン比試験方法」によって計測されるたわみ振動の一次共鳴振動数について，劣化を受ける前の値の二乗に対する劣化後の値の二乗の比を百分率で表したものである.

　コンクリートのスケーリングは，我が国では海水の影響のある海岸構造物や凍結防止剤が散布される道路構造物で問題となっている．スケーリングのような表面損傷に対しては，凍結融解作用に伴うコンクリートの質量減少量であるスケーリング量が指標となる．凍結融解作用によるコンクリートのスケーリング量を求めるための一面凍結融解試験方法は，現状では JIS 等に規定されていないが，例えば RILEM CDF 法，ASTM C672 法等のコンクリートのスケーリングを対象とした試験方法を利用することができる．また，けい酸塩系表面含浸材を適用したコンクリートのスケーリング抵抗性試験を対象とした JSCE-K 572「けい酸塩系表面含浸材の試験方法（案）」の 6.10（スケーリングに対する抵抗性試験）もある．この方法は，国内でも比較的実績の多い RILEM CDF 法の要素を大きく取り入れた試験方法であるが，通常のコンクリートへの適用には検討が必要である.

　なお，石炭ガス化スラグ細骨材コンクリートは，石炭ガス化スラグ細骨材混合率が増加するに従って普通骨材コンクリートと比較して相対動弾性係数が低下し，スケーリングが大きくなる傾向にあることが報告されている．これらは，ブリーディング量の増大や石炭ガス化スラグ細骨材に含まれる炭素分による空気連行性への影響が主な要因と考えられる．したがって，適切な石炭ガス化スラグ細骨材混合率や配合の選定によってブリーディングを抑制し，AE 剤を使用して所定の空気量を確保すれば，凍結融解抵抗性を確保するための相対動弾性係数の特性値，スケーリング量の特性値が得られると考えればよい.

4.2.7　化学的侵食深さ

石炭ガス化スラグ細骨材コンクリートの化学的侵食深さの特性値は，次のいずれかの方法で求める.
(i)　構造物の供用環境を想定した室内試験または自然暴露実験
(ii)　実構造物調査

【解　説】　化学的侵食の原因となる侵食性物質の種類と濃度は様々であり，コンクリートの抵抗性を画一的な試験方法によって評価することは困難である. このため，コンクリートの化学的侵食深さの特性値は，環境の劣化外力の種類と強さに応じた試験を実施し，適切に定める必要がある. また，設計する構造物が置かれる環境と類似し，同様な作用を受けると考えられる既設構造物から採取したコアや暴露供試体より，化学的侵食深さの特性値を求めることもできる. なお，現時点で石炭ガス化スラグ細骨材コンクリートに関するこれらの試験，調査データは十分に得られていないことから，データの変動を安全側に考慮して適切に特性値を定める必要がある.

4.2.8　収縮，クリープ

（1）　石炭ガス化スラグ細骨材コンクリートの収縮の特性値は，使用骨材，セメントの種類，コンクリートの配合等の影響を考慮して定める. なお，構造物中におけるコンクリートの収縮は，そのコンクリートの収縮の特性値に，構造物の置かれる環境の温度，相対湿度，乾燥開始材齢，部材断面の形状寸法等の影響を考慮して定めることを原則とする.

（2）　石炭ガス化スラグ細骨材コンクリートのクリープひずみは，作用する応力度に応じて適切に定める. なお，石炭ガス化スラグ細骨材コンクリートのクリープ係数は，構造物の周辺の湿度，部材断面の形状寸法，コンクリートの配合，応力が作用する時のコンクリートの材齢等の影響を考慮して定めることを原則とする.

【解　説】　（1）について　コンクリートの収縮は，乾燥収縮，自己収縮を含み，使用骨材の性質，セメント等結合材の種類，コンクリートの配合による影響のほか，コンクリートの締固めや養生方法等の施工による影響，構造物の置かれる環境の温度，相対湿度，降雨や日射等環境条件の時間的空間的変化による影響，構造形式および部材断面の形状寸法等による影響を受ける. そこで，養生条件，環境条件，形状寸法を統一した条件下での収縮をそのコンクリートの収縮の特性値とした. 収縮の特性値は，7日間水中養生を行った$100 \times 100 \times 400$ mmの角柱供試体を用い，温度20 ± 2℃，相対湿度60 ± 5％の環境条件で，JIS A 1129「モルタル及びコンクリートの長さ変化測定方法」に従い測定した乾燥期間6か月後の収縮ひずみを基に定めることを原則とした. 試験によらない場合は，実績のほか，示方書［設計編］に示されるコンクリートの収縮特性を参考に特性値を設定してもよい. 示方書の推定式は骨材に含まれる水分量の影響を考慮しており，このため，吸水率が極めて小さい石炭ガス化スラグ細骨材を用いたコンクリートの乾燥収縮ひずみの推定値は小さくなる. 既往の試験結果においても，石炭ガス化スラグ細骨材コンクリートの収縮ひずみは，普通骨材コンクリートと比較して小さいことが確認されている.

　コンクリートの収縮の主たる成分である乾燥収縮は，コンクリート中からの水分の逸散によって生じ，前述のとおり使用材料，環境条件，部材断面の形状寸法等の影響を受ける．したがって，同じ材料を使用したコンクリートであっても，日射面か日陰面か，棒部材か面部材か等によっても乾燥の程度は異なり，構造物の中でも収縮は空間的に一様でない．さらに，コンクリート構造物は鋼材による拘束，部材間の拘束等の外部拘束だけでなく，部材内における収縮分布による内部拘束によっても自由に収縮することができない．このため，コンクリートの収縮によって生じる構造物や部材の変形や応力度の設計応答値を算定するには，統一条件下で求められた収縮の特性値に各要因の影響を適切に考慮する必要がある．

　（２）について　石炭ガス化スラグ細骨材コンクリートの圧縮クリープ特性は，普通骨材コンクリートと同等であることが試験によって確認されている．コンクリートの圧縮応力度が圧縮強度の40％以下であれば，クリープひずみは作用する応力度に対応する弾性ひずみにほぼ線形で比例するので，一般に式（解 4.2.24）により求める．このとき，作用する応力度が変動する場合には重ね合わせの原理を適用してよい．コンクリートの応力度がこれより大きい場合には，クリープひずみは弾性ひずみに比例すると考えるのは適当でない．なお，ひび割れが発生していないコンクリートでは，引張応力度が作用している部材においても圧縮応力度が作用している部材と同じクリープ特性を仮定してよい．

$$\varepsilon'_{cc} = \phi \cdot \sigma'_{cp}/E_{ct} \qquad\qquad (\text{解 } 4.2.24)$$

　　ここに，　　　ε'_{cc}　　　：コンクリートの圧縮クリープひずみ．

　　　　　　　　　ϕ　　　：クリープ係数．

　　　　　　　　　σ'_{cp}　　　：作用する圧縮応力度（N/mm²）．

　　　　　　　　　E_{ct}　　　：載荷時材齢のヤング係数（N/mm²）．

　コンクリートのクリープは，構造物の周辺の温度，相対湿度，部材断面の形状寸法，コンクリートの配合，作用を受ける時のコンクリートの材齢のほか，骨材の性質，セメントの種類，コンクリートの締固め，養生条件等の種々の要因の影響を受ける．このため，コンクリートのクリープ係数は，JIS A 1157「コンクリートの圧縮クリープ試験方法」による試験結果のほか，既往の試験あるいは実際の構造物の測定結果等を参考にしてこれらの影響を考慮して定める必要がある．

4.2.9　単位容積質量

　石炭ガス化スラグ細骨材コンクリートの単位容積質量の特性値は，実際に使用する，または使用が想定される石炭ガス化スラグ細骨材の密度を考慮して設計時に想定したコンクリート配合あるいは実際の使用材料を用いた JIS A 1116「フレッシュコンクリートの単位容積質量試験方法及び空気量の質量による試験方法（質量方法）」の試験結果に基づいて適切に定める．

【解　説】　石炭ガス化スラグ細骨材は，炭種によって化学組成が変動し，これによって骨材としての密度も変動する．大きいものは絶乾密度で 3.0 g/cm³ を超える場合もあることから，使用する石炭ガス化スラグ細骨材によってはその混合率に応じてコンクリートの単位容積質量の変化が顕在化する．このため，コンクリート構造物の設計段階で単位容積質量に対して特段の配慮が必要な場合には，石炭ガス化スラグ細骨材コンクリートの単位容積質量の特性値を定める必要がある．単位容積質量の特性値は，実際に使用する石炭ガス

化スラグ細骨材の絶乾密度の試験結果，または使用が想定される石炭ガス化スラグ細骨材について石炭ガス化スラグ細骨材の製造事業者から提示される絶乾密度の見本値（石炭ガス化スラグ細骨材の製造事業者が石炭中の灰分組成と実績からあらかじめ推定した値）を考慮して，設計時に想定したコンクリート配合によって，あるいは実際の使用材料を用いた JIS A 1116 の試験結果によって定める．

4.3　耐久性に関する照査

4.3.1　鋼材腐食に対する照査

（1）　鋼材腐食に対する照査は，コンクリート表面のひび割れ幅が，鋼材腐食に対するひび割れ幅の設計限界値以下であることを確認した上で，中性化と水の浸透に伴う鋼材腐食および塩化物イオンの侵入に伴う鋼材腐食のそれぞれに対して行う．

（2）　中性化と水の浸透に伴う鋼材腐食に対する照査は，設計耐用期間中の中性化と水の浸透に伴う鋼材腐食深さが，設計限界値以下であることを確認する．

（3）　塩化物イオンの侵入に伴う鋼材腐食に対する照査は，設計耐用期間中の鋼材位置における塩化物イオン濃度が，鋼材腐食発生限界濃度以下であることを確認する．

【解　説】　（1）について　石炭ガス化スラグ細骨材コンクリートにおける鋼材腐食に対する照査は，一般のコンクリートと同様に，示方書［設計編］に準じて行う．コンクリートの中性化とコンクリート中への水の浸透および塩化物イオンの侵入は，コンクリート中の鋼材腐食の原因となる．この節では，中性化と水の浸透に伴う鋼材腐食に対する照査方法と，塩害環境下における塩化物イオンの侵入による鋼材腐食に対する照査方法を示している．これらはいずれも，コンクリート表面から鉄筋に向かう一次元の物質移動を想定したものである．このような照査方法が成り立つのは，ひび割れ位置における局所的な腐食が生じないことが前提となる．このためには，ひび割れ幅が小さくなければならない．そこで，ひび割れ幅が鋼材腐食に対するひび割れ幅の設計限界値以下に抑えられていることが確認された条件の下で，鋼材腐食に対する限界状態を超えた場合の性能に及ぼす影響度を考慮して，中性化と水の浸透に伴う鋼材腐食深さの照査，塩害環境下においては鋼材位置における塩化物イオン濃度の照査を行うこととした．

　コンクリート中への水の浸透や，塩化物イオンの侵入の恐れのない環境で供用される構造物は，中性化と水の浸透に伴う鋼材腐食深さの照査や塩害環境下における鋼材位置の塩化物イオン濃度の照査は行わなくてよいが，その場合であっても過大なひび割れ幅は好ましいことではないので，ひび割れ幅は設計限界値以下に抑えることが望ましい．

　鋼材腐食に対するひび割れ幅の照査は，コンクリート表面のひび割れ幅の設計応答値が，鋼材腐食に対するひび割れ幅の設計限界値以下であることを，式（解 4.3.1）により確認する．

$$\gamma_i \cdot \frac{w_d}{w_{ad}} \leq 1.0 \qquad\qquad\qquad (解 4.3.1)$$

　ここに，　　γ_i　：構造物係数で，1.0 とする．

w_{ad}　：鋼材腐食に対するひび割れ幅の設計限界値（mm）．一般に，鉄筋コンクリートの場合 $0.005c$（c：かぶり（mm））としてよい．ただし，0.5mm を上限とする．

w_d　：コンクリート表面におけるひび割れ幅の設計応答値（mm）．

なお，曲げひび割れ幅の設計応答値の算定は，この指針の **4.6**（ひび割れに関する照査）に示す方法に従ってよい．

また，鉄筋コンクリート部材においては，永続作用による鋼材応力度が，**解説 表 4.3.1** に示す鋼材応力度の制限値を満足することにより，ひび割れ幅の検討を満足するとしてよい．

解説 表 4.3.1　ひび割れ幅の検討を省略できる永続作用による鉄筋応力度の制限値 σ_{sl1}（N/mm²）

常時乾燥環境 （雨水の影響を受けない桁下面等）	乾湿繰返し環境（桁上部，海岸や川の水面に近く湿度が高い環境等）	常時湿潤環境 （土中部材等）
140	120	140

（2）について　土木構造物は自然界に建設されるため，降雨による雨水の直接的な影響や，雨水が構造物表面を伝わるといった漏水の影響，また立地条件によっては結露が発生するなど，水の影響を様々に受ける．鋼材の腐食には水と酸素が必要であることから，このような水がコンクリートに浸透することで鋼材位置の含水比が上昇し，鋼材腐食が誘発される．この鋼材腐食は，細孔溶液の pH が高い環境では進行してもその速度は小さいと考えられるが，中性化により細孔溶液の pH が低下すると，鋼材位置に水と酸素が供給される環境では鋼材腐食速度が速くなり，維持管理への影響も大きくなりやすい．そのため，設計では維持管理への負担を抑えるために，中性化による pH 低下に伴って鋼材腐食速度が速くなることを意識した上で，pH 低下に伴う鋼材腐食速度の増加が顕著にならないように鋼材腐食深さの限界状態を設定するとともに，水の浸透による鋼材腐食がその範囲に留まるように照査を行うこととした．

鋼材腐食深さに対する照査は，設計耐用期間中の鋼材腐食深さの設計応答値が，設計限界値以下であることを式（解 4.3.2）により確認する．

$$\gamma_i \cdot \frac{s_d}{s_{lim}} \leq 1.0 \tag{解 4.3.2}$$

ここに，　γ_i　：構造物係数．一般に，1.0〜1.1 としてよい．

s_{lim}　：鋼材腐食深さの設計限界値（mm）．構造物の重要性，維持管理区分，照査の不確実性や信頼性等を考慮して適切に設定する．

s_d　：鋼材腐食深さの設計応答値（mm）．一般に，式（解 4.3.3）で求めてよい．

$$s_d = \gamma_w \cdot s_{dy} \cdot t \tag{解 4.3.3}$$

γ_w　：鋼材腐食深さの設計応答値 s_d の不確実性を考慮した安全係数．一般に，1.0 としてよい．

t　：中性化と水の浸透に伴う鋼材腐食に対する設計耐用年数（年）．一般に，設計耐用年数 100 年を上限とする．

s_{dy}　：1 年あたりの鋼材腐食深さの応答値（mm/年）．一般に，式（解 4.3.4）で求めてよい．

$$s_{dy} = 1.9 \cdot 10^{-4} \cdot F_w \cdot exp\{-0.068(c - \Delta c_e)^2 / q_d^2\} \tag{解 4.3.4}$$

F_w　　　：コンクリートへの水掛かりの程度によって鋼材腐食への影響度が異なることを考慮する係数．一般に 1.0 としてよい．

c　　　：かぶり（mm）．

Δc_e　　　：かぶりの施工誤差（mm）．

q_d　　　：コンクリートの水分浸透速度係数の設計値（mm／$\sqrt{時間}$）．一般に，式（解 4.3.5）により求めてよい．

$$q_d = \gamma_c \cdot q_k \tag{解 4.3.5}$$

γ_c　　　：コンクリートの材料係数．一般に 1.3 としてよい．

q_k　　　：コンクリートの水分浸透速度係数の特性値（mm/$\sqrt{時間}$）．

なお，一般的な構造物の場合は，式（解 4.3.6）より，鋼材腐食深さの設計限界値を算定してよい．

$$s_{lim} = 3.81 \times 10^{-4} \cdot (c - \Delta c_e) \tag{解 4.3.6}$$

ただし，$(c - \Delta c_e) > 35$mm の場合は，$s_{lim} = 1.33 \times 10^{-2}$（mm）とする．

中性化深さを用いて鋼材腐食に対する照査を行う場合は，設計耐用期間中の中性化深さが，鋼材腐食発生深さ以下であることを式（解 4.3.7）により確認する．

$$\gamma_i \cdot \frac{y_d}{y_{lim}} \le 1.0 \tag{解 4.3.7}$$

ここに，　　γ_i　　　：構造物係数．一般に，1.0〜1.1 としてよい．

y_d　　　：中性化深さの設計値（mm）．一般に，式（解 4.3.8）で求めてよい．

$$y_d = \gamma_{cb} \cdot \alpha_d \sqrt{t} \tag{解 4.3.8}$$

γ_{cb}　　　：中性化深さの設計値 y_d の不確実性を考慮した安全係数．一般に，1.0 としてよい．

t　　　：中性化に対する設計耐用年数（年）．一般に，式（解 4.3.8）で算出する中性化深さに対しては，設計耐用年数 100 年を上限とする．

α_d　　　：中性化速度係数の設計値（mm/$\sqrt{時間}$）．一般に，式（解 4.3.9）で求めてよい．

$$\alpha_d = \alpha_k \cdot \beta_e \cdot \gamma_c \tag{解 4.3.9}$$

α_k　　　：中性化速度係数の特性値（mm/$\sqrt{時間}$）．

β_e　　　：環境作用の程度を表す係数．一般に，1.6 とするのがよい．

γ_c　　　：コンクリートの材料係数．一般に，1.3 とするのがよい．

y_{lim}　　　：鋼材腐食発生限界深さ（mm）．一般に，式（解 4.3.10）で求めてよい．

$$y_{lim} = c_d - c_k \tag{解 4.3.10}$$

c_k　　　：中性化残り（mm）．一般に，通常環境下では 10 mm としてよい．塩化物イオンの影響が無視できない環境では 10〜25 mm とするのがよい．

c_d　　　：耐久性に関する照査に用いるかぶりの設計値（mm）．施工誤差を考慮して，式（解 4.3.11）で求めることとする．

$$c_d = c - \Delta c_e \tag{解 4.3.11}$$

c　　　：かぶり（mm）．

Δc_e　　　：かぶりの施工誤差（mm）．

　（3）について　塩化物イオンの侵入に伴って鋼材が腐食する場合には，鋼材位置における塩化物イオン濃度が鋼材腐食発生限界濃度を超えると，鋼材表面の不動態皮膜が破壊され腐食が進行する．鋼材位置の塩化物イオン濃度の上昇に伴い腐食速度は増大し，一般に鋼材腐食は速やかに進む．このため，鋼材腐食の発生や進行を設計時に許容する利点が少ない．したがって，塩化物イオンの供給がある塩害環境下においては，設計耐用期間において鋼材腐食発生を許容しないことが望ましく，塩害環境下における鋼材腐食に対する照査では，式（解 4.3.12）により，設計耐用期間中の鋼材位置における塩化物イオン濃度が，鋼材腐食発生限界濃度以下であることを確認する．

$$\gamma_i \cdot \frac{C_d}{C_{lim}} \le 1.0 \tag{解 4.3.12}$$

ここに，　　γ_i　　：構造物係数．一般に 1.0～1.1 としてよい．

　　　　　　C_{lim}　：耐久設計で設定する鋼材腐食発生限界濃度（kg/m³）．

　　　　　　C_d　　：鋼材位置における塩化物イオン濃度の設計応答値（kg/m³）．

　鋼材腐食発生限界濃度 C_{lim} は，類似の構造物の実測結果や試験結果を参考にして定める．鋼材腐食発生限界濃度に関する実績のデータがない場合は，石炭ガス化スラグ細骨材が有するポゾラン反応性を踏まえて，示方書［設計編］に示される高炉セメント B 種相当，フライアッシュセメント B 種相当を用いた場合と同様の式（解 4.3.13）により算定してよい．ただし，W/C の範囲は 0.30～0.55 とする．なお，凍結融解作用を受ける場合には，これらの値よりも小さな値とするのがよい．

$$C_{lim} = -2.6(W/C) + 3.1 \tag{解 4.3.13}$$

　鋼材位置における塩化物イオン濃度の設計応答値 C_d は，一般に，式（解 4.3.14）により求める．

$$C_d = \gamma_{cl} \cdot C_0 \left\{ 1 - erf\left(\frac{0.1 \cdot c_d}{2\sqrt{D_d \cdot t}} \right) \right\} + C_i \tag{解 4.3.14}$$

ここに，　　γ_{cl}　：鋼材位置における塩化物イオン濃度の設計応答値 C_d の不確実性を考慮した安全係数．一般に，1.3 とするのがよい．

　　　　　　C_0　　：コンクリート表面における塩化物イオン濃度（kg/m³）．

　　　　　　C_i　　：初期塩化物イオン濃度（kg/m³）．一般に，0.3 kg/m³ としてよい．

　　　　　　c_d　　：耐久性に関する照査に用いるかぶりの設計値（mm）．

$$c_d = c - \Delta c_e \tag{解 4.3.15}$$

　　　　　　c　　　：かぶり（mm）．

　　　　　　Δc_e　：かぶりの施工誤差（mm）．

　　　　　　t　　　：塩化物イオンの侵入に対する設計耐用年数（年）．一般に，式（解 4.3.14）で算定する鋼材位置における塩化物イオン濃度に対しては，100 年を上限とする．

　　　　　　D_d　　：塩化物イオンに対する設計拡散係数（cm²/年）一般に，式（解 4.3.16）により算定してよい．

$$D_d = \gamma_c \cdot D_k + \lambda \cdot \left(\frac{w}{l}\right) \cdot D_0 \tag{解 4.3.16}$$

γ_c ：コンクリートの材料係数．一般に 1.3 とするのがよい．

D_k ：コンクリートの塩化物イオンに対する拡散係数の特性値（cm²/年）．一般に，設計耐用期間中の拡散係数を一定と見なす仮定の下，設計耐用年数に応じた値とする．

λ ：ひび割れの存在が拡散係数に及ぼす影響を表す係数．一般に，1.5 とするのがよい．

D_0 ：コンクリート中の塩化物イオンの移動に及ぼすひび割れの影響を表す定数（cm²/年）．一般に，400 cm²/年としてよい．

w/l ：ひび割れ幅とひび割れ間隔の比．一般に，式（解 4.3.17）で求めてよい．

$$\frac{w}{l} = \left(\frac{\sigma_{se}}{E_s}\left(\text{または}\frac{\sigma_{pe}}{E_p}\right) + \varepsilon'_{csd}\right) \tag{解 4.3.17}$$

ここに，σ_{se}, σ_{pe}, ε'_{csd} の定義は，示方書［設計編］に準じ，ひび割れ幅の設計応答値の算定に用いた値を用いる．

なお，$erf(s)$は，誤差関数であり，$erf(s) = \frac{2}{\sqrt{\pi}}\int_0^s e^{-\eta^2}\,d\eta$　で表される．

コンクリート表面における塩化物イオン濃度 C_0 は，**解説 表 4.3.2** の示方書［設計編］に示される値を使用してよい．

解説 表 4.3.2　コンクリート表面塩化物イオン濃度 C_0（kg/m³）

地　域		飛沫帯	海岸からの距離（km）				
			汀線付近	0.1	0.25	0.5	1.0
飛来塩分が多い地域	北海道，東北 北陸，沖縄	13.0	9.0	4.5	3.0	2.0	1.5
飛来塩分が少ない地域	関東，東海，近畿 中国，四国，九州		4.5	2.5	2.0	1.5	1.0

なお，対象構造物が建設された地点近傍において，飛来塩分捕集箱（土研式タンク法）やドライガーゼ法（JIS Z 2382「大気環境の腐食性を評価するための環境汚染因子の測定」）等を用いて測定された信頼性の高い飛来塩分データが利用可能な場合，以下の式（解 4.3.18）を用いてコンクリート表面塩化物イオン濃度を求めてもよい．

$$C_0 = -0.016 \cdot C_{ab}^2 + C_{ab} + 1.7 \quad (C_{ab} \leq 30.0) \tag{解 4.3.18}$$

ここに，　C_0 ：コンクリート表面塩化物イオン濃度（kg/m³）．

　　　　　C_{ab} ：飛来塩分量（mdd，mg/dm²/day）．

鋼材腐食に対する照査に合格することが困難な場合には，耐食性が高い補強材や防錆処置を施した補強材の使用，鋼材腐食を抑制するためのコンクリート表面被覆，あるいは腐食の発生を防止するための電気化学的手法等を用いることを原則とする．その場合には，維持管理計画を考慮した上で，それらの効果を適切な方法により評価する．

4.3.2　凍害に対する照査

（1）　凍害に対する照査は，内部損傷に対する照査と表面損傷（スケーリング）に対する照査に分けて行うことを原則とする．

（2）　内部損傷に対する照査は，石炭ガス化スラグ細骨材コンクリートの凍結融解試験における相対動弾性係数の設計応答値が，凍害に関するコンクリート構造物の性能を満足するための最小限界値以上を確保していることを確認することを原則とする．

（3）　表面損傷に対する照査は，石炭ガス化スラグ細骨材コンクリートのスケーリング量の設計応答値が，対象部材に必要とされるスケーリング量の設計限界値以下であることを確認することを原則とする．

【解　説】　　（1）について　凍結融解作用によるポップアウト，スケーリング，微細ひび割れといった凍害によるコンクリートの劣化により，コンクリートの種々の材料特性は影響を受け，物質透過性は大きくなり，強度や剛性といった力学特性は低下する．しかし，凍害劣化の程度と材料特性，さらには構造物の性能の関係については，現段階では定量的に評価された研究成果は十分ではない．したがって，構造物に要求される性能との関係で凍害劣化の程度や深さの最小限界値を定め，これを性能照査の指標として用いることは難しい．現状では一般のコンクリート構造物において，凍結融解によってコンクリートに多少の劣化は生じるが構造物の機能は損なわないレベルを，凍結融解作用に関する構造物の性能の限界状態と考え，構造物の凍結融解作用に関する照査をコンクリートの凍結融解作用に関する照査に置き換える．海水の影響のある海岸構造物や凍結防止剤の散布が行われる道路構造物では，塩化物イオンの影響によりスケーリングによる表面の劣化が著しくなる事例が報告されている．構造物内部の損傷とスケーリングやポップアウトのような表面の損傷では，劣化機構や構造物の性能に与える影響が異なるため，内部損傷と表面損傷のそれぞれに対して照査を行うこととした．

　石炭ガス化スラグ細骨材コンクリートは，石炭ガス化スラグ細骨材混合率を過度に高くすると，ブリーディングの増大や石炭ガス化スラグ細骨材に含まれる炭素分による空気連行性への影響によって，普通骨材コンクリートと比べて凍結融解抵抗性が低下する場合がある．そのため，凍結融解作用の条件が特に厳しい場合や設計耐用期間を長く設定する場合には，この節に示す照査方法によって，凍結融解作用に対する所要の抵抗性が確保されていることを確認する必要がある．

　なお，コンクリートが凍結する恐れのない場合には，凍害に関する構造物の性能を照査しなくてもよい．また，過去に建設された構造物と同様な環境条件に建設される構造物の場合，過去の実績から十分な凍結融解抵抗性を有することが明らかであれば，これらの照査を省略することもできる．

　（2）および（3）について　コンクリートの凍結融解抵抗性は，コンクリートの品質のほか，最低温度，凍結融解繰返し回数，飽水度等，多くの要因が影響し，それらを正確に評価することは容易ではないが，一般にはコンクリート自体に凍結融解作用に対する適切な抵抗性を与えることで対処できることが多い．凍結融解作用によるコンクリートの凍害劣化のうち，構造物の内部損傷に対しては，促進凍結融解試験結果とコンクリート構造物の凍害による劣化状況の関係が既往の実績や研究成果からある程度明らかにされているため，促進凍結融解試験の結果として得られるコンクリートの相対動弾性係数を指標として，凍結融解作用に関するコンクリートの性能照査を行ってよい．この場合の促進凍結融解試験は，一般に，JIS A 1148 のうち A 法（水中凍結融解試験方法）に基づき行う．ただし，凍結融解作用条件が特に厳しい場合や設計耐用期間を

長く設定する場合には，試験の目的に応じて条件を適切に定めるのがよい.

内部損傷に対する照査は，JIS A 1148 の A 法の結果から求めた相対動弾性係数の設計応答値が，凍害に関するコンクリート構造物の性能を満足するための最小限界値以上であることを式（解 4.3.19）により確認する. ただし，一般の構造物で，凍結融解試験における相対動弾性係数の特性値が 90% 以上の場合には，この照査を行わなくてよい.

$$\gamma_i \cdot \frac{E_{min}}{E_d} \leq 1.0 \tag{解 4.3.19}$$

ここに，　　γ_i　　：構造物係数. 一般に 1.0〜1.1 としてよい.

E_d　　：凍結融解試験における相対動弾性係数の設計応答値.

$$E_d = E_k / \gamma_c \tag{解 4.3.20}$$

E_k　　：凍結融解試験における相対動弾性係数の特性値.

γ_c　　：コンクリートの材料係数. 一般に 1.0 としてよい.

E_{min}　　：凍害に関する性能を満足するための凍結融解試験における相対動弾性係数の最小限界値. 一般に，**解説 表** 4.3.3 の値を用いてよい.

解説 表 4.3.3　凍害に関するコンクリート構造物の性能を満足するための
凍結融解試験における相対動弾性係数の最小限界値 E_{min}（%）

気象条件 断面 構造物の露出状態	凍結融解がしばしば繰り返される場合		氷点下の気温となることがまれな場合	
	薄い場合 [2]	一般の場合	薄い場合 [2]	一般の場合
(1) 連続して，あるいはしばしば水で飽和される場合 [1]	85	70	85	60
(2) 普通の露出状態にあり(1) に属さない場合	70	60	70	60

1)　水路，水槽，橋台，橋脚，擁壁，トンネル覆工等で水面に近く水で飽和される部分，およびこれらの構造物の他，桁，床版等で水面から離れてはいるが，融雪，流水，水しぶき等のため，水で飽和される部分等.

2)　断面の厚さが 20cm 程度以下の部分等.

一方，表面損傷に対しては，凍結融解作用に伴うスケーリングによるコンクリートの質量減少量であるスケーリング量を指標として照査を行うこととした. 凍結融解作用によるコンクリートのスケーリング量を求めるための一面凍結融解試験方法は，RILEM CDF 法，ASTM C672 法等のコンクリートのスケーリングを対象とした試験方法を参考にするとよい.

表面損傷に対する照査は，コンクリートのスケーリング量の設計応答値が，設計限界値以下であることを式（解 4.3.21）により確認する.

$$\gamma_i \cdot \frac{d_d}{d_{lim}} \leq 1.0 \tag{4.3.21}$$

ここに，　　γ_i　　：構造物係数. 一般に 1.0〜1.1 としてよい.

d_{lim}　　：コンクリートのスケーリング量の設計限界値（g/m²）.

d_d　　　　：コンクリートのスケーリング量の設計応答値（g/m²）.

$$d_d = d_k / \gamma_c \tag{解 4.3.22}$$

d_k　　　　：コンクリートのスケーリング量の特性値（g/m²）.

γ_c　　　　：コンクリートの材料係数. 一般に 1.0 としてよい.

　石炭ガス化スラグ細骨材コンクリートについては，これまでの研究により，石炭ガス化スラグ細骨材混合率が増加するに従って普通骨材コンクリートと比較して相対動弾性係数が低下し，スケーリングが大きくなる傾向にあることが報告されている. この主な理由として，ブリーディング量の増大や石炭ガス化スラグ細骨材に含まれる炭素分による空気連行性への影響が考えられるが，AE 剤を使用して所定の空気量を確保することで普通骨材コンクリートと同等程度の凍結融解抵抗性を確保できることもこれまでの研究で報告されている.

4.3.3　化学的侵食に対する照査

　化学的侵食に対する照査は，設計耐用期間中の化学的侵食深さが，照査位置におけるかぶりの設計値以下であることを確認することを原則とする.

【解　説】　化学的侵食とは，侵食性物質とコンクリートの接触によるセメント硬化体や骨材，ならびに鋼材の溶解・分解や，コンクリートに侵食した侵食物質がある種のセメント水和物と反応し，体積膨張によるひび割れやかぶりコンクリートの剥離・剥落を引き起こす劣化現象である. 現段階では，侵食性物質の接触や侵入によるコンクリートの劣化が，構造物の性能の低下に与える影響を定量的に評価するまでの知見は必ずしも得られていない. また，石炭ガス化スラグ細骨材コンクリートに関するこれらの試験，調査データも十分に得られていないことから，特性値を定める場合は，データの変動を安全側に考慮して適切に定める必要がある. したがって，現状においては，構造物の要求性能，構造形式，重要度，維持管理の難易度および環境の厳しさ等を考慮して，侵食性物質の接触や侵入によるコンクリートの劣化が顕在しないことや，その影響が鋼材位置まで及ばないことなどを限界状態とするのが妥当である.

　化学的侵食深さが鋼材位置まで及ばないことを限界状態とする場合の照査は，化学的侵食深さの設計応答値が，照査の対象とする部位のかぶり以下であることを式（解 4.3.23）により確認する.

$$\gamma_i \cdot \frac{y_{ced}}{c_d} \leq 1.0 \tag{解 4.3.23}$$

ここに，　　　γ_i　　　：構造物係数. 一般に 1.0～1.1 としてよい.

　　　　　　y_{ced}　　　：化学的侵食深さの設計応答値.

$$y_{ced} = \gamma_c \cdot y_{ce} \tag{解 4.3.24}$$

　　　　　　y_{ce}　　　：化学的侵食深さの特性値.

　　　　　　γ_c　　　：コンクリートの材料係数. 一般に 1.3 としてよい.

　　　　　　c_d　　　：耐久性に関する照査に用いるかぶりの設計値（mm）.

$$c_d = c - \Delta c_e \tag{解 4.3.25}$$

　　　　　　c　　　：かぶり（mm）.

　　Δc_e　　：施工誤差（mm）．

　化学的侵食深さの特性値は，構造物の供用環境を想定した室内試験，自然暴露実験，または実構造物の調査データから求めたコンクリートの侵食速度と設計耐用期間により与えられる．侵食速度は，例えば硫黄酸化細菌のような微生物がコンクリートの侵食に関わる場合，その硫黄酸化細菌の種類や生育条件の違いによっても異なる．このため，化学的侵食に対する照査は，それぞれ施設ごとに，その劣化状況を考慮して行うことが肝要である．また，下水道環境や温泉環境等の化学的侵食作用が非常に激しい場合には，かぶりおよびコンクリートの抵抗性のみで化学的侵食に対する性能を確保することは一般に難しい．このような場合には，化学的侵食を抑制するために表面被覆や腐食防止処置を施した補強材を使用する等の対策を施すのが現実的かつ合理的である．特に，下水道環境における劣化に対しては，下水道コンクリート構造物の設計，施工，維持管理に関する具体的手法が示されている「下水道コンクリート構造物の腐食抑制技術及び防食技術マニュアル（日本下水道事業団）」や JIS A 7502「下水道構造物のコンクリート腐食対策技術」を参考にするとよい．なお，環境作用としてコンクリートが化学的侵食を受けない場合，あるいはコンクリートの化学的侵食が構造物の所要の性能への影響が無視できるほど小さい場合は，この照査を省略できる．

4.4　安全性に関する照査

　（1）　石炭ガス化スラグ細骨材コンクリートを用いた構造物の安全性に関する照査は，その構造物が設計耐用期間にわたり所要の安全性を保持することを示方書［設計編］に従い確認することを原則とする．

　（2）　構造物の破壊・崩壊に対する安全性に関する照査は，設計作用の下で，構造物が破壊の限界状態に至らないことを確認することにより行うことを原則とする．

　（3）　破壊の限界状態は，構造物の耐荷力や安定等の限界状態とし，断面力，ひずみ，変位・変形等の物理量を指標として設定することを原則とする．

　（4）　構造物の破壊・崩壊以外の要因に対する安全性の照査は，構造物の用途・機能に応じた限界状態を設定して，その限界状態に至らないことを確認する．

【解　説】　（1）～（4）について　この指針の［技術資料］の 5.（石炭ガス化スラグ細骨材を用いた鉄筋コンクリート部材の力学的特性）には，石炭ガス化スラグ細骨材混合率を変化させた鉄筋コンクリート部材の載荷実験の結果が示されている．この結果において，鉄筋コンクリートはりの曲げ試験，せん断試験等いずれにおいても，石炭ガス化スラグ細骨材コンクリートは普通コンクリートとほぼ同等の性能を発揮し，示方書［設計編］に示される耐力算定式と同等以上の耐力を有することが確認されている．これらの結果から石炭ガス化スラグ細骨材コンクリートを用いた鉄筋コンクリート部材は，示方書［設計編］に示される式によって安全性の照査を行うことを原則とした．

4.5　水密性に関する照査

（1）　水密性が要求される構造物に石炭ガス化スラグ細骨材コンクリートを用いる場合は，透水によって構造物の用途・機能が損なわれないことを示方書［設計編］に従って照査することを原則とする．
（2）　水密性の照査は，構造物の各部位に対して行い，その指標には透水量を用いることを原則とする．

【解　説】　（1）および（2）について　水密性が要求される構造物には，各種貯蔵施設，地下構造物，水理構造物，貯水槽，上下水道施設，トンネル等が挙げられる．また，長期において，コンクリート中のカルシウム分の外部への溶脱が構造物の所要の性能を損なうことも考えられる．石炭ガス化スラグ細骨材コンクリートは，物質の透過に対する抵抗性が向上する傾向にあるため，構造物の水密性に対しても有利に働くものと考えられる．しかし，構造物の水密性は，コンクリートの健全部のみでなく，ひび割れや継目等の不連続面の影響を大きく受ける．したがって，石炭ガス化スラグ細骨材コンクリートを用いた構造物の水密性についても，一般のコンクリートと同様に透水量によって照査することを原則とした．なお，構造物に特段の水密性を要求しない場合は，この照査を行わなくてもよい．

4.6　ひび割れに関する照査

（1）　外観に対するひび割れに関する照査は，ひび割れ幅により照査することを原則とする．ただし，ひび割れ幅の応答値が適切に算定できない場合は，鉄筋の応力度により照査してよい．
（2）　施工段階で発生するひび割れのうち沈みひび割れおよびプラスティック収縮ひび割れは，適切な施工によってその発生を防ぐものとする．
（3）　セメントの水和に起因するひび割れに対する照査は，実績による評価，または温度応力解析による評価のいずれかの方法により行うことを原則とする．
（4）　ひび割れの制御を目的としてひび割れ誘発目地を設ける場合には，構造物の性能を損なわないように，ひび割れ誘発目地の構造および位置を定める．
（5）　コンクリートの乾燥収縮に伴うひび割れに対する照査は，必要に応じて，構造物が置かれる環境条件や温度による体積変化，自己収縮等を考慮して，構造物の所要の性能に影響しないことを確認する．

【解　説】　（1）について　一般に，コンクリート構造物に発生するひび割れは，鋼材の腐食による耐久性の低下，水密性・気密性等の性能の低下，および過大な変形，美観の低下等の原因となる．そのため，通常の使用状態において曲げひび割れの発生を許容する鉄筋コンクリート構造物では，耐久性と外観上の問題が生じないようにひび割れ幅を抑える必要がある．鋼材腐食に対するひび割れ幅の照査については，この指針の 4.3.1（鋼材腐食に対する照査）による．ひび割れが外観を損なわないことをひび割れ幅により照査する場合，外観に対するひび割れ幅の設計限界値を設定し，式（解 4.6.1）により，コンクリート表面のひび割れ幅の設計応答値が設計限界値以下であることを確認する．

$$\gamma_i \cdot \frac{w_d}{w_a} \leq 1.0 \qquad\qquad\qquad (解\,4.6.1)$$

ここに，　　γ_i　：構造物係数で，1.0 とする.

　　　　　　w_a　：外観に対するひび割れ幅の設計限界値（mm）.

　　　　　　w_d　：コンクリート表面におけるひび割れ幅の設計応答値（mm）.

　外観に対するひび割れ幅の設計限界値 w_a は，過去の実績および経験により，一般に 0.3 mm 程度としてよい.

　コンクリート表面におけるひび割れ幅の設計応答値 w_d の算定に際して，コンクリートの収縮およびクリープ等による影響を考慮した曲げひび割れ幅 w を求める場合は，式（解 4.6.2）により求めてよい. なお，永続作用と変動作用が組み合わされた条件で，引張鉄筋の応力度が**解説 表** 4.3.1 に示す鉄筋応力度の制限値 σ_{sl1} を満足する場合には，ひび割れ幅の検討を省略してもよい.

$$w_d = 1.1 k_1 k_2 k_3 \{4c + 0.7(c_s - \phi)\} \left[\frac{\sigma_{se}}{E_s} \left(または \frac{\sigma_{pe}}{E_p} \right) + \varepsilon'_{csd} \right] \qquad (解\,4.6.2)$$

ここに，　　w_d　：コンクリート表面におけるひび割れ幅の設計値（mm）.

　　　　　　k_1　：鋼材の表面形状がひび割れ幅に及ぼす影響を表す係数で，一般に，異形鉄筋の場合に 1.0，普通丸鋼および PC 鋼材の場合に 1.3 としてよい.

　　　　　　k_2　：コンクリートの品質がひび割れ幅に及ぼす影響を表す係数で，式（解 4.6.3）による.

$$k_2 = \frac{15}{f'_c + 20} + 0.7 \qquad\qquad (解\,4.6.3)$$

　　　　　　f'_c　：コンクリートの圧縮強度（N/mm²）. 一般に，設計圧縮強度 f'_{cd} を用いてよい.

　　　　　　k_3　：引張鋼材の段数の影響を表す係数，式（解 4.6.4）による.

$$k_3 = \frac{5(n+2)}{7n+8} \qquad\qquad (解\,4.6.4)$$

　　　　　　n　：引張鋼材の段数.

　　　　　　c　：かぶり（mm）.

　　　　　　c_s　：鋼材の中心間隔（mm）.

　　　　　　ϕ　：鋼材径（mm）.

　　　　　　σ_{se}　：鋼材位置のコンクリートの応力度が 0 の状態からの鉄筋応力度の増加量（N/mm²）.

　　　　　　σ_{pe}　：鋼材位置のコンクリートの応力度が 0 の状態からの PC 鋼材応力度の増加量（N/mm²）.

　　　　　　E_s　：鉄筋のヤング係数（N/mm²）.

　　　　　　E_p　：PC 鋼材のヤング係数（N/mm²）.

　　　　　　ε'_{csd}　：コンクリートの収縮およびクリープ等によるひび割れ幅の増加を考慮するための数値. 石炭ガス化スラグ細骨材コンクリートも一般のコンクリートと同様に標準的な値として，**解説 表** 4.6.1 に示す値としてよい.

解説 表 4.6.1　収縮およびクリープ等の影響によるひび割れ幅の増加を考慮する数値 ε'_{csd}

環境条件	常時乾燥環境 （雨水の影響を受けない 桁下面等）	乾湿繰返し環境（桁上 面，海岸や川の水面近 く，高い湿度環境等）	常時湿潤環境 （土中部材等）
自重でひび割れが発生 （材齢 30 日を想定）する部材	450×10^{-6}	250×10^{-6}	100×10^{-6}
永続作用時にひび割れが発生 （材齢 100 日を想定）する部材	350×10^{-6}	200×10^{-6}	100×10^{-6}
変動作用時にひび割れが発生 （材齢 200 日を想定）する部材	300×10^{-6}	150×10^{-6}	100×10^{-6}

　鉄筋の応力度によりひび割れの照査を行う場合は，鉄筋応力度の設計応答値がひび割れ幅の設計限界値に対応する鉄筋応力度以下であることを式（解 4.6.5）により確認する．なお，外観に対するせん断ひび割れおよびねじりひび割れの照査を鉄筋応力度により行う場合の永続作用による鉄筋応力度の設計限界値は，**解説 表 4.6.2** の値としてよい．

$$\gamma_i \cdot \frac{\sigma_d}{\sigma_a} \leq 1.0 \tag{解 4.6.5}$$

ここに，　　γ_i　：構造物係数で，1.0 とする．
　　　　　　σ_a　：外観に対するひび割れ幅の設計限界値に対応する鉄筋応力度（N/mm²）．
　　　　　　σ_d　：ひび割れ幅の設計応答値に対応する鉄筋応力度（N/mm²）．

解説 表 4.6.2　外観に対するせん断ひび割れおよびねじりひび割れの照査を
鉄筋応力度により行う場合の永続作用による鉄筋応力度の設計限界値（N/mm²）

常時乾燥環境 （雨水の影響を受けない桁下面等）	乾湿繰返し環境（桁上部，海岸や川 の水面に近く湿度が高い環境等）	常時湿潤環境 （土中部材等）
140	120	140

　（2）について　施工段階に発生するひび割れが設計耐用期間にわたる構造物の種々の性能に及ぼす影響は必ずしも明らかにされてはいないが，耐久性，安全性，使用性，復旧性の照査は，構造物の所要の性能に影響するような初期ひび割れが施工段階で発生しないことを前提としていることは言うまでもない．施工段階で発生する初期ひび割れが構造物の所要の性能に影響しないことを確かめておけば，設計耐用期間中の性能を確保する上では十分に安心できることも事実である．施工段階に発生する体積変化に起因するひび割れの制御には様々な対処が可能であり，配合設計や構造物諸元が確定した後でも，施工手順や養生方法等によって制御することも可能である．また，施工段階で発生するひび割れは，供用開始後に発生するひび割れとは異なり，構造物の受け取り検査時に容易に発見できる特徴を有する．

　上述のように，耐久性，安全性，使用性，復旧性の照査は構造物の所要の性能に影響するような初期ひび割れが発生しないことを前提としていることから，初期ひび割れに対する照査も設計段階で行われることを念頭に置いている．しかし，場合によっては，初期ひび割れに対する照査を施工段階または設計段階と施工段階の両方で実施した方がより合理的であることがある．その場合も，設計段階において，どの時点で初期ひび割れに対する照査を行うのかを定めておく必要がある．

　施工段階に発生する主なひび割れとして，硬化前に発生する材料分離や急速な乾燥が主たる要因となるひび割れ，および水和や乾燥に伴うコンクリートの体積変化に起因するひび割れを取り上げた．石炭ガス化スラグ細骨材コンクリートは石炭ガス化スラグ細骨材混合率が過度に高くなるとブリーディング量が増大する傾向があるため，一般的なコンクリートと比べると，鉄筋上面や断面変化部に発生する沈みひび割れに注意する必要があるが，これらは適切な時期にタンピングを施すと一般に防ぐことができる．また，プラスティック収縮ひび割れは，ブリーディング水の上昇速度に比べ，表面からの水分の蒸発量が大きい場合に生じる恐れがあるが，コンクリートを打ち込んだ後に表面からの急速な乾燥を防止すれば，一般に防ぐことができる．すなわち，示方書［施工編］に従って施工すれば，問題となるような沈みひび割れやプラスティック収縮ひび割れの発生を防ぐことができるので，これらのひび割れの照査を省略してもよい．セメントの水和に起因するひび割れにおいても，安全性，使用性，耐久性，美観等の観点を十分に考慮しても問題ないと判断されるような極めて微細なひび割れは照査を省略してもよい．

　（3）について　セメントの水和に起因するひび割れの照査には，大きく分けて既往の実績による評価と温度応力解析による評価の2つの方法がある．例えば鉄筋コンクリート高架橋等のように，同種の構造物が数多く施工される場合には，既往の施工実績から施工段階で発生する初期ひび割れを予測することができる．温度応力解析によって照査を行う場合には，解析評価の精度向上を図るために，工事に用いる材料や現地の地盤・岩盤の物性値を基に設計応答値を定めることが望ましい．ただし，実測値を用いない場合は信頼できるデータに基づいて材料の設計応答値を定めてよい．

　（4）について　一般にマッシブな壁状の構造物等に発生する温度ひび割れを，材料，配合上の対策により制御することは難しい場合が多い．また，水密性を要するコンクリートにおいてひび割れの発生は，所要の性能を確保することを困難とする．このような場合，構造物の長手方向に一定間隔で断面減少部分を設け，その部分にひび割れを誘発し，その他の部分でのひび割れ発生を防止するとともに，ひび割れ箇所での事後処置を容易にする方法がある．このひび割れ誘発目地によってひび割れを確実に入れるためには，目地の断面欠損率を50%程度とする必要がある．目地の間隔は，構造物の寸法，鉄筋量，打込み温度，打込み方法等に大きく影響されるので，これらを考慮して決める必要がある．また，目地部の鉄筋の腐食を防止する方法，所定のかぶりを保持する方法，目地に用いる充填材の選定等についても十分な配慮が必要である．ひび割れ誘発目地を設けることにより，壁状の構造物等では，比較的容易にひび割れ制御を行うことができる．しかし，ひび割れ誘発目地は，構造上の弱点部にもなり得ることから，その構造および位置等は過去の実績等も参考にしながら適切に定める必要がある．

　（5）について　乾燥収縮等のコンクリートの収縮に伴うひび割れは，構造物の美観を損ない，コンクリートの使用性，耐久性を低下させる原因となる．コンクリートの乾燥収縮に伴うひび割れは，コンクリートの使用材料，配合，構造物の形状，寸法，拘束条件，温度，湿度等の環境条件の違いによって，構造物表面に分散する浅いひび割れとなる場合もあれば，鉄筋に到達するひび割れ，部材を貫通するひび割れとなる場合もある．したがって，構造物の性能への影響も多様である．従来，乾燥収縮によるひび割れは，構造的に重要度の低い部材に発生する場合が多いこと，湿潤により閉じる傾向にあること，乾燥によってひび割れが開いている状態でも内部の鋼材に対して容易に水分が供給されないこと等から，構造物の性能への影響は比較的軽微であると考えられてきた．石炭ガス化スラグ細骨材コンクリートは乾燥収縮が小さいという特徴を有するが，一般のコンクリートと同様に収縮によるひび割れが部材の剛性やたわみに影響を及ぼす場合もあるので，構造物の所要の性能に影響しないことを設計段階で確認しておく必要がある．

　なお，配合や環境によっては，温度変化による体積変化および自己収縮による応力が構造物中のコンクリ

ートに蓄積された状態で乾燥を受けることにより，ひび割れが生じることもある．この場合には，必要に応じて，コンクリートの温度変化による体積変化，自己収縮に加えて，乾燥収縮やクリープを考慮して構造物中のコンクリートに導入される応力を評価し，ひび割れの発生やひび割れ幅，剛性やたわみ等を予測することが望ましい．

5章　　石炭ガス化スラグ細骨材コンクリートの配合設計

5.1　一　　般

（1）　石炭ガス化スラグ細骨材コンクリートの配合設計においては，所要のワーカビリティー，設計基準強度および耐久性等を満足するように，石炭ガス化スラグ細骨材混合率，スランプ，配合強度，水セメント比，空気量等の配合条件を設定した上で，各使用材料の単位量を定める．

（2）　石炭ガス化スラグ細骨材コンクリートの配合は，所要のワーカビリティーが得られる範囲内で，単位水量をできるだけ少なくするように定める．

（3）　石炭ガス化スラグ細骨材コンクリートのフレッシュコンクリートに含まれる塩化物イオンの総量は，原則として 0.30 kg/m^3 以下とする．

【解　説】　（1）について　この章では，石炭ガス化スラグ細骨材コンクリートに求められる所要のワーカビリティー，設計基準強度および耐久性等の性能を満足するための配合設計の基本的な考え方を示す．

なお，この指針で示す配合設計の方法は，設計基準強度 50 N/mm^2 未満の普通コンクリートで，フレッシュコンクリートのワーカビリティーをスランプで評価するコンクリートを対象とする．

（2）について　石炭ガス化スラグ細骨材コンクリートにおいて，所要のワーカビリティー，設計基準強度および耐久性を有するためには，作業に適するワーカビリティーが得られる範囲内で単位水量をできるだけ少なくなるよう配合を定めることが重要である．なお，石炭ガス化スラグ細骨材はガラス質で表面が極めて平滑な材料であり，保水性も小さいため，普通骨材コンクリートと比べて同じコンシステンシーを得るために必要な単位水量は減る傾向にある．一方で，石炭ガス化スラグ細骨材の使用量が増加すると，ブリーディング量が増大する場合があるため，このような場合には，耐久性等に影響を及ぼさない範囲でセメントや混和材等の単位粉体量を多くするのがよい．

（3）について　石炭ガス化スラグ細骨材の化学成分に塩化物イオンはほとんど含まれず，JIS A 5011-5 にも塩化物量に関する規定は設けられていない．石炭ガス化スラグ細骨材コンクリートにおいても，内部に配置される鋼材を保護する観点で，一般のコンクリートと同様に，フレッシュコンクリート中の塩化物イオンの総量を 0.30 kg/m^3 以下で管理することとした．

5.2　配合設計の手順

（1）　配合設計は，設計図書に記載されたコンクリートの圧縮強度，収縮ひずみ，塩化物イオン拡散係数等の特性値，セメントの種類，最大水セメント比，空気量の範囲，単位水量・単位セメント量の上限値，粗骨材の最大寸法，スランプの範囲等に基づいて配合条件を設定する．

（2）　設定した配合条件に基づき，試し練りの基準となる暫定の配合を設定する．

（3）　設定した暫定の配合を基に，実際に使用する材料を用いて試し練りを行い，コンクリートが所要

の品質を満足することを確認する．試し練りの結果，所要の品質を満たしていない場合は，暫定配合の修正，使用材料の変更，または配合条件の見直しを行い，所要の品質が得られる配合を決定する．

【解　説】　石炭ガス化スラグ細骨材コンクリートにおいても，基本的な配合設計の手順については，一般のコンクリートと同じである．なお，石炭ガス化スラグ細骨材の炭素含有率や石炭ガス化スラグ細骨材の使用量が増加するに伴い，所定の空気連行性を得るために必要な AE 剤等化学混和剤の使用量は多くなる傾向にある．そのため，特に空気量をはじめとするフレッシュコンクリートの品質については，実際に使用する材料で試し練りを行い，化学混和剤の使用量を調整する等により，出来上がったコンクリートが所要の品質であることを確認することが重要である．

5.3　配合条件の設定

5.3.1　石炭ガス化スラグ細骨材混合率

（1）　石炭ガス化スラグ細骨材混合率は，所要の品質を有するコンクリートが得られるように定める．
（2）　石炭ガス化スラグ細骨材混合率は，50 ％以下を標準とする．

【解　説】　（1）について　石炭ガス化スラグ細骨材の化学成分や絶乾密度は，石炭の灰分組成の違いにより変化し，また，石炭ガス化スラグ細骨材の粒子形状や粒度分布等は，製造時期や製造方法によって少なからずばらつきを有する．このため，実際に使用する石炭ガス化スラグ細骨材を用いたコンクリートで試し練りを行い，そのコンクリートが所要の品質を満足するように，適切な石炭ガス化スラグ細骨材混合率を定める必要がある．

　（2）について　石炭ガス化スラグ細骨材は，普通骨材と混合して使用することを標準とし，石炭ガス化スラグ細骨材混合率が 50 ％以下であれば，一般のコンクリートと概ね同様に扱うことができる．

　石炭ガス化スラグ細骨材が有する反応性により，長期強度の増進や物質の透過に対する抵抗性等の向上を期待できることから，所要のワーカビリティーが得られる範囲で石炭ガス化スラグ細骨材混合率を高く設定し，その使用量を多くすることは有効である．ただし，その場合はブリーディングの増大に留意する必要があるとともに，石炭ガス化スラグ細骨材はアルカリ金属酸化物を比較的多く含むため，併用する普通骨材のアルカリシリカ反応への影響にも留意する必要がある．循環資源の積極的利用や石炭ガス化スラグ細骨材利用による品質向上を積極的に期待する場合などにおいて，石炭ガス化スラグ細骨材混合率を 50 ％超で使用する場合には，実際に使用する材料を用いた室内試験や既存の構造物調査等に基づいて，使用する石炭ガス化スラグ細骨材コンクリートが所要の品質・性能を満足することを確認する必要がある．

5.3.2　スランプ

（1）　石炭ガス化スラグ細骨材コンクリートのスランプは，施工条件，構造条件，環境条件に応じて，運搬，打込み，締固め等の作業に適する範囲で，できるだけ小さくなるように設定する．

　（2）　打込み時の最小スランプは，構造物の種類，部材の種類と大きさ，鋼材量や鋼材の最小あき等の配筋条件，締固め作業高さ等の施工条件に基づき，これらの条件を考慮して選定する．

　（3）　荷卸し時の目標スランプおよび練上がり時の目標スランプは，打込み時の最小スランプを基準とし，これに荷卸しから打込みまでの現場内での運搬および時間経過に伴うスランプの低下，現場までの運搬に伴うスランプの低下，および製造段階での品質の許容差を考慮して設定する．

　（4）　現場内での運搬としてコンクリートポンプによる圧送を行う場合には，圧送に伴うスランプの低下を考慮して，圧送条件，最小スランプ，環境条件等の諸条件に応じたスランプの低下量を見込む．

　（5）　打ち込む部材が複数あり，部材ごとに個別にコンクリートを打ち込むことができる場合には，部材ごとに打込み時の最小スランプを設定する．複数の部材を連続して打ち込む場合等で，途中でスランプの変更ができない場合は，各部材における打込み時の最小スランプのうち，大きい値を用いることを標準とする．

【解　説】　スランプの設定における基本的な考え方は，石炭ガス化スラグ細骨材コンクリートも一般のコンクリートと同様である．

　なお，石炭ガス化スラグ細骨材の使用量や石炭ガス化スラグ細骨材混合率の増大によってブリーディング量が増加する場合があるので，打込み時の最小スランプが大きい場合には，適切な材料分離抵抗性が確保できること，適当なブリーディング性状であることを確認し，必要に応じて細骨材率や単位粉体量を修正することが望ましい．

5.3.3　配合強度

　（1）　石炭ガス化スラグ細骨材コンクリートの配合強度は，設計基準強度およびコンクリートの品質のばらつきを考慮して定める．

　（2）　石炭ガス化スラグ細骨材コンクリートの配合強度f_{cr}は，一般の場合，現場におけるコンクリートの圧縮強度の試験値が，設計基準強度f_{ck}を下回る確率が5％以下となるように定める．

【解　説】　配合強度の設定の基本的な考え方は，石炭ガス化スラグ細骨材コンクリートも一般のコンクリートと同様である．ただし，石炭ガス化スラグ細骨材コンクリートの強度は，同一水セメント比の普通骨材コンクリートと比べて，長期材齢では同等以上であるが，材齢28日時点ではやや低下する傾向にある．石炭ガス化スラグ細骨材コンクリートの強度特性は，実際の使用において安全側の評価となるように，標準養生を行った供試体の材齢28日における試験強度に基づいて定めることが原則となっているため，配合強度を設定する際は，この点に留意する必要がある．

5.3.4　水セメント比

　（1）　水セメント比は，65％以下を原則とし，かつ，コンクリートの設計基準強度および耐久性等に関する特性値を考慮して，これらから定まる水セメント比のうちで最小の値を設定する．

（2）　コンクリートの圧縮強度に基づいて水セメント比を定める場合は，以下の方法により定める．

　（i）　圧縮強度と水セメント比との関係は，試験によってこれを定めることを原則とする．試験の材齢は 28 日を標準とする．ただし，試験の材齢は，使用するセメントの特性を勘案してこれ以外の材齢を定めてもよい．

　（ii）　配合に用いる水セメント比は，基準とした材齢におけるセメント水比 C/W と圧縮強度 f'_c との関係式において，配合強度 f'_{cr} に対応するセメント水比の値の逆数とする．

（3）　物質の透過に対する抵抗性およびコンクリートの劣化に対する抵抗性等を考慮した水セメント比が設計図書に記載されている場合は，これを満足するように水セメント比を定める．

（4）　コンクリートの凍結融解抵抗性や化学的侵食に対する抵抗性を考慮して水セメント比を定める場合は，試験によって定めることを原則とする．また，水密性を考慮する場合の水セメント比は 55％以下とすることを標準とする．

【解　説】　　（1）～（2）について　　水セメント比の設定の基本的な考え方は，石炭ガス化スラグ細骨材コンクリートも一般のコンクリートと同様である．ただし，石炭ガス化スラグ細骨材コンクリートの圧縮強度 f'_c とセメント水比 C/W との関係式は，石炭ガス化スラグ細骨材の品質や石炭ガス化スラグ細骨材混合率等によっても相違するので留意する必要がある．

　（3）について　　石炭ガス化スラグ細骨材コンクリートの水セメント比の設定において，物質の透過に対する抵抗性およびコンクリートの劣化に対する抵抗性を確保する場合には，設計図書に示された水セメント比以下を前提に，照査または試験等によって各特性値を満足するように水セメント比の上限を定める必要がある．ただし，水セメント比を過剰に小さく設定すると，コンクリートの強度やヤング係数の試験値が設計値に対して過大となり，構築されたコンクリート構造物が設計と異なる応答を示す可能性がある点に配慮する必要がある．実際に使用する材料の品質や供給体制の制約等によって，設計図書に記載された値では対応することができないと判断された場合には，実状に即した適切な値を設定し，要求性能を満足することを確認する必要がある．

　（4）について　　石炭ガス化スラグ細骨材コンクリートの凍結融解抵抗性については，水セメント比や空気量だけでなく，石炭ガス化スラグ細骨材の使用量の増大に伴ってスケーリング抵抗性が低下することが報告されている．これは，主としてブリーディングの増大による影響と見られ，特に打込み面はその影響を受けやすい．石炭ガス化スラグ細骨材混合率が 50％以下であれば，石炭ガス化スラグ細骨材コンクリートの凍結融解抵抗性は一般のコンクリートと概ね同等と考えてよいが，石炭ガス化スラグ細骨材コンクートの水セメント比と凍結融解抵抗性の関係を示す十分なデータは得られていないことから，凍結融解抵抗性を基にして水セメント比を定める場合には，試験によってこれを定めることを原則とする．

　化学的侵食の原因となる侵食性物質の種類と影響の程度は様々である．例えば，硫黄酸化細菌のような微生物がコンクリートの侵食に関わるような下水道環境等における劣化は，下水汚泥から発生する硫化水素ガスが硫黄酸化細菌によって酸化され，生成された硫酸によってコンクリートが侵食するという機構であるため，硫黄酸化細菌の種類や生育条件の違いによってコンクリートの侵食速度は異なる．したがって，実際に化学的侵食に対する抵抗性を確保するには，実際の環境に対応した促進試験結果や実環境暴露試験の結果に基づき定めるのがよい．なお，コンクリートの化学的侵食を構造物の所要の性能に影響を及ぼさない程度に抑えることが必要な場合には，一般のコンクリートと同様に劣化環境に応じて解説 表 5.3.1 に示す水セメント比以下に設定するのがよい．

解説　表 5.3.1　化学的侵食に対する抵抗性を確保するための水セメント比

劣化環境	最大水セメント比（%）
SO₄として 0.2%以上の硫酸塩を含む土や水に接する場合	50
凍結防止剤を用いる場合	45

注）実績，研究成果等により所要の化学的侵食に対する抵抗性が確かめられたものについては，表の値に 5〜10 を加えた値としてよい．

5.3.5　空　気　量

（1）　石炭ガス化スラグ細骨材コンクリートの空気量は，粗骨材の最大寸法，その他に応じて，練上がり時においてコンクリート容積の 4〜7 %を標準とする．

（2）　石炭ガス化スラグ細骨材コンクリートの空気量試験は，JIS A 1116「フレッシュコンクリートの単位容積質量試験方法及び空気量の質量による試験方法（質量方法）」，JIS A 1118「フレッシュコンクリートの空気量の容積による試験方法（容積方法）」，JIS A 1128「フレッシュコンクリートの空気量の圧力による試験方法－空気室圧力方法」のいずれかによる．

【解　説】　（1）について　石炭ガス化スラグ細骨材コンクリートは，ワーカビリティー，凍結融解抵抗性，その他の品質を向上させるために AE コンクリートを標準としている．AE コンクリートは，エントレインドエアによるコンクリートのワーカビリティーの改善効果も期待されるので，所要のワーカビリティーを得るのに必要な単位水量を減らすことができ，ブリーディング量の低減やコンクリートのその他の品質の向上にも効果がある．

石炭ガス化スラグ細骨材混合率が 50 %以下であれば，適切な配合調整をした石炭ガス化スラグ細骨材コンクリートのブリーディングは普通骨材コンクリートと同程度となり，水セメント比および空気量を適切に選定すれば，普通骨材コンクリートと同等の凍結融解抵抗性を得ることができる．したがって，石炭ガス化スラグ細骨材コンクリートの空気量は，一般のコンクリートと同様に，練上がり時においてコンクリート容積の 4〜7 %を標準とした．

なお，コンクリート中に含まれる石炭ガス化スラグ細骨材由来の炭素分の総量が多いと，硬化後に減少する空気量が多くなり，気泡間隔係数が大きくなる場合がある．そのため，凍結融解作用の条件が特に厳しい場合や設計耐用期間を長く設定する場合には，空気量を 5 %以上確保するのがよい．

（2）について　空気量の試験は，質量方法（JIS A 1116），容積方法（JIS A 1118），空気室圧力方法（JIS A 1128）のいずれかを用いる．

5.4　単位量の設定

5.4.1　単位水量

（1）　単位水量は，作業ができる範囲でできるだけ小さくなるように，試験によって定める．

（2）　石炭ガス化スラグ細骨材コンクリートの単位水量の上限は，175 kg/m³ を標準とする．単位水量がこの上限値を超える場合は，物質の透過に対する抵抗性ならびに劣化に対する抵抗性について，所要の品質を満足していることを確認する．

【解　説】　（1）について　石炭ガス化スラグ細骨材コンクリートも単位水量が大きくなると，材料分離抵抗性が低下するとともに，乾燥収縮が増加する等，コンクリートの品質の低下に繋がる．このため，単位水量は作業が可能な範囲でできるだけ小さくする必要がある．石炭ガス化スラグ細骨材コンクリートは，石炭ガス化スラグ細骨材の使用量や石炭ガス化スラグ細骨材混合率を大きくするほど，同一スランプを得るために必要となる単位水量を小さくできるが，練り上がったコンクリートの材料分離抵抗性は小さくなるため，ブリーディングの発生量が増加することがある．このため，所要のワーカビリティーを確保できるよう，単位粉体量および細骨材率の設定も考慮しながら，単位水量を適切に定める必要がある．なお，所定のスランプを得るために必要な単位水量は，粗骨材の種類や最大寸法，石炭ガス化スラグ細骨材や混合する普通骨材の粒度や粒形，混和材料の種類，コンクリートの空気量等によって相違するので，実際の施工に用いる材料でコンクリートの試し練りを行い，これを定める．

（2）について　単位水量が 185 kg/m³ を超えると，乾燥収縮が過大となり，コンクリートのひび割れ抵抗性に大きく影響する．このため，使用材料や配合条件のばらつきも考慮して，一般のコンクリートと同様に単位水量の上限を 175 kg/m³ とすることを標準とした．

AE 減水剤を用いたコンクリートにおいて，単位水量が 175 kg/m³ を超える場合には，AE 減水剤に代えて高性能 AE 減水剤を使用して単位水量が 175 kg/m³ 以下となる配合とすることが望ましい．ここで，単位水量が推奨範囲内であっても，使用材料や配合条件によってはブリーディング量が過大となる場合があるので，適度なブリーディング性状となるように細骨材率や単位粉体量等を修正する，もしくは適切な混和材料の使用を検討することが望ましい．

石炭ガス化スラグ細骨材を用いると，同一スランプを得るために必要となる単位水量が減る傾向がある．単位水量の下限値は特に定めないが，石炭ガス化スラグ細骨材コンクリートも，一般のコンクリートと同様に単位水量は 145 kg/m³ 以上を目安とするのがよい．

なお，ここで設定するコンクリートの単位水量とは，配合設計で定めた単位水量のことであって，実際の施工において考慮される季節による配合の修正や骨材の表面水等に起因する単位水量のばらつきを含めて単位水量の上限を 175 kg/m³ 以下とする意味ではない．

5.4.2　単位粉体量

（1）　単位粉体量は，スランプの大きさに応じて適切な材料分離抵抗性が得られるように設定する．

（2）　単位粉体量は，圧送および打込みに対して適切な範囲で設定する．

（3）　設計図書に単位粉体量の下限あるいは上限が定められている場合は，その値と上記（1），（2）で設定した値の両者を満足するように単位粉体量を設定する．

【解　説】　（1）について　粉体とは，セメントは元より，高炉スラグ微粉末，フライアッシュ，シリカフュームあるいは石灰石微粉末等，セメントと同等ないしはそれ以上の粉末度を持つ材料の総称である．これらの各種粉体の単位量を総和したものが単位粉体量であり，単位粉体量はコンクリートの材料分離抵抗性を左右する主要な配合要因である．

石炭ガス化スラグ細骨材コンクリートにおいても，一般のコンクリートと同様に，スランプに応じた適切な単位粉体量が確保されていないと材料分離を生じやすく，豆板や未充填といった不具合発生の要因となる．このため，良好な充填性および圧送性を確保する観点から，粗骨材の最大寸法が 20〜25 mm の場合に少なくとも 270 kg/m³ 以上（粗骨材の最大寸法が 40 mm の場合は 250 kg/m³ 以上）の単位粉体量を確保し，より望ましくは 300 kg/m³ 以上とするのが推奨される．

石炭ガス化スラグ細骨材の微粒分が多い場合には，コンクリートの粘性が高くなり，ワーカビリティーが低下する場合があるため，必要に応じて単位粉体量を減らすようにする．反面，石炭ガス化スラグ細骨材の使用量や石炭ガス化スラグ細骨材混合率が大きいとブリーディング量が増大する場合があるので，単位粉体量を増加してブリーディング量を低減するのがよい．なお，設定したスランプに対応した単位粉体量の目安を定めるのに際して，示方書［施工編］や土木学会コンクリートライブラリー145「施工性能にもとづくコンクリートの配合設計・施工指針」を参考にするとよい．

（2）について　圧送において管内閉塞を生じることなく円滑な圧送を行うためには，一定以上の単位粉体量を確保する必要がある．

（3）について　設計図書で単位粉体量の上限あるいは下限が記載されている場合には，それらと上記（1）および（2）から決まる単位粉体量とを比較し，両者の条件が同時に満足されるように単位粉体量を設定する必要がある．両者の条件を満足できない場合には，使用材料や配合を変更する必要がある．

5.4.3　単位セメント量

設計図書に単位セメント量の下限あるいは上限が定められている場合は，単位水量と水セメント比から求めた単位セメント量がこれを満足することを確認する．

【解　説】　設計図書に単位セメント量の上限値あるいは下限値が記載されている場合には，単位水量と水セメント比から求めた単位セメント量が，その上限値以下あるいは下限値以上であることを確認し，これを満足しない場合には，使用材料や配合を変更する．単位セメント量が少なすぎるとワーカビリティーが低下するため，単位セメント量は，粗骨材の最大寸法が 20〜25 mm の場合に少なくとも 270 kg/m³ 以上（粗骨材の最大寸法が 40 mm の場合は 250 kg/m³ 以上），より望ましくは 300 kg/m³ 以上確保するのがよい．

単位セメント量が増加し，セメントの水和に起因するひび割れが問題となる場合には，セメントの種類の変更や石灰石微粉末等の不活性な粉体の利用を検討するのがよい．設計図書に記載された単位セメント量の上限値あるいは下限値を外れる場合や，セメントの種類を変更する場合には，改めてセメントの水和に起因

するひび割れの照査を行う必要がある.

　なお, 対象とする構造物の供用環境や施工方法に基づく単位セメント量は, 示方書［施工編］の規定による.

5.4.4　細骨材率

　細骨材率は, 所要のワーカビリティーが得られる範囲内で単位水量ができるだけ小さくなるように, 試し練り, または実績等によって定める.

【解　説】　　石炭ガス化スラグ細骨材コンクリートの細骨材率は, 全骨材容積に対する石炭ガス化スラグ細骨材を含む全細骨材容積の比とする. 一般に, 細骨材率が小さいほど, 同じスランプのコンクリートを得るのに必要な単位水量は減少する傾向にあり, それに伴い単位セメント量の低減も図れることから, 経済的なコンクリートとなる. しかし, 細骨材率を過度に小さくするとコンクリートが粗々しくなり, 材料分離の傾向も強まるため, ワーカビリティーの低下が生じやすくなる. また, コンクリートには, 使用する細骨材および粗骨材に応じて, 所要のワーカビリティーが得られ, かつ, 単位水量が最小になるような適切な細骨材率が存在する. 適切な細骨材率は, 石炭ガス化スラグ細骨材混合率, 石炭ガス化スラグ細骨材および置換する普通細骨材の粒度, コンクリートの空気量, 単位セメント量, 混和材料の種類等によって相違するので, 単位水量が最小となるように試験によって定める必要がある.

　石炭ガス化スラグ細骨材の粒度は, 普通骨材と同様, 工事期間を通して安定しているのが望ましい. 工事期間中に, 配合選定の際に用いた細骨材に対して粗粒率が 0.2 程度以上変化するとワーカビリティーに及ぼす影響も大きくなる. このような場合, 配合を修正する必要があるが, その際には, 細骨材率の適否についても改めて試験によって確認しておくことが望ましい.

　細骨材率は圧送性に影響を及ぼすため, コンクリートの場内運搬を圧送で行う場合には, ポンプの性能, 配管, 圧送距離等に応じて, 試験または既往の資料や実績から適切な細骨材率を設定する必要がある. 示方書［施工編］, もしくは「コンクリートのポンプ施工指針」を参照して設定することもできる.

　一般に, 高性能 AE 減水剤を用いたコンクリートは, 水セメント比およびスランプが同じで通常の AE 減水剤を用いたコンクリートと比較して, 細骨材率を 1〜2 ％大きくすると良好な結果が得られることが多い.

　コンクリートの細骨材, 粗骨材の割合を定める方法としては, 上記の細骨材率のほか, 粗骨材の単位容積質量に基づく方法もある. 特に, 大きなスランプであるほど細骨材率とワーカビリティーの良否との関係が不明確になりやすいため, 先に粗骨材の単位容積質量を定めた方がより適切に配合を選定できる場合もある. また, プラスティックなコンクリートの場合, 粗骨材の単位容積質量に基づく方法によれば, スランプや水セメント比に関係なく, 粗骨材の最大寸法と細骨材の粒度に応じてコンクリート 1 m³ 中の粗骨材のかさ容積（単位粗骨材かさ容積）がほぼ一定となり, 砕石のような角ばった骨材を用いるときでも容易に粗骨材量を決めることができる.

5.4.5　化学混和剤

　石炭ガス化スラグ細骨材コンクリートに用いる化学混和剤は，所要の効果が得られるよう，適切な種類，使用量を試験によって定める．

【解　説】　　石炭ガス化スラグ細骨材コンクリートの場合も，一般のコンクリートと同様に，AE剤，減水剤（標準形，遅延形，促進形），AE減水剤（標準形，遅延形，促進形），高性能AE減水剤（標準形，遅延形），流動化剤（標準形，遅延形）および硬化促進剤の使用を標準とし，原則として，JIS A 6204「コンクリート用化学混和剤」に適合したものを用いる．

　石炭ガス化スラグ細骨材コンクリートでは，石炭ガス化スラグ細骨材由来のコンクリート中の炭素含有量の増加により，所定の空気量を連行するためのAE剤の使用量が増加する傾向にあるため，AE剤の使用量を調整して所定の空気量を確保する必要がある．なお，単位水量を一定とした場合，減水剤あるいはAE減水剤の使用量は少なくなる傾向にある．

　また，石炭ガス化スラグ細骨材コンクリートでは，石炭ガス化スラグ細骨材の使用量や石炭ガス化スラグ細骨材混合率，単位粉体量によってはブリーディング量が増加する傾向にあるため，減水効果の大きなAE減水剤（高機能タイプ）や高性能AE減水剤の適用等を検討するのがよい．また，増粘成分が配合された高性能AE減水剤（増粘剤一液タイプ）や，ブリーディング低減作用のあるAE減水剤等も市販されているので，必要に応じて，その効果を十分に確認して使用するとよい．

5.5　　試し練り

5.5.1　一　　般

　（1）　配合条件に基づき設定した暫定の配合を基として試し練りを行い，所要の品質を満足するようにコンクリートの配合を定める．
　（2）　コンクリートの試し練りは，室内試験によることを標準とする．
　（3）　所要の品質を満足することを実績等から確認できる場合は，試し練りを省略してもよい．

【解　説】　　（1）について　　配合条件に基づき設定した暫定の配合を基として試し練りを行い，必要に応じて配合を修正し，所要の品質を満足するようにコンクリートの配合を決定する．コンクリートの品質は種々の要因の影響を受け，特にフレッシュコンクリートは，練混ぜ後の時間の経過や環境温度，場内運搬方法等の違いによって，その特性が大きく変化する．コンクリートの配合設計においては，打込み時に必要とされるコンクリートのワーカビリティーが確保されるように，練上がり時，荷卸し時のそれぞれの段階で目標とする品質を設定することが重要である．これは，石炭ガス化スラグ細骨材コンクリートにおいても同様である．そのため，石炭ガス化スラグ細骨材コンクリートの施工に際しては，所要の品質を満足するコンクリートが得られるように，あらかじめ試し練りを行い，配合を決定することとした．なお，試し練りは，必要に応じて，コンクリート主任技士，コンクリート技士，あるいはこれらの資格相当の能力を有する技術者の指

示の下で実施する.

　（2）および（3）について　コンクリートの配合を決定するには，品質が確かめられた各種材料を用いて，これらを正確に計量し，十分に練り混ぜる必要があるため，試し練りは室内試験によることを標準とした．ただし，室内試験におけるコンクリートの製造条件が実際の製造条件と相違する場合や，製造後の時間経過に伴うコンクリートの品質変化を確認する場合には，室内試験とは別に実機ミキサによる試し練りを行うことが望ましい.

5.5.2　試し練りの方法

　（1）　室内試験で試し練りを行う場合，実際の製造条件とスランプの差，施工時のコンクリート温度およびミキサの練混ぜ性能や運搬時間等を考慮して，練上がり時のワーカビリティーを判断する.
　（2）　コンクリートの試し練りは，室温 20±3℃の条件で実施することを標準とする．この試験条件で実施できない場合は，温度差を補正して配合を決定する.
　（3）　試し練りでは，コンクリートのスランプ，空気量，圧縮強度等を確認する.

【解　説】　（1）について　配合設計の段階において，打込み時の最小スランプを基準として，運搬時間，現場での待機時間および現場内での運搬によるスランプの低下を考慮して，荷卸し時の目標スランプ，および練上がり時の目標スランプを設定する．したがって，室内試験による試し練りでは，練上がり直後だけでなく，時間経過に伴うスランプの低下も考慮して，荷卸し時の目標スランプや練上がり時の目標スランプが確保できるように配合の修正を繰り返し，各過程において所定の最小スランプが得られるようにする必要がある.

　試し練りにおいて，想定される練上がりから打込みまでの時間のスランプの経時変化を確認しておくのがよい．試し練りの結果，時間経過に伴うスランプの低下が配合設計時に想定した低下量よりも大きい場合には，打込み時の最小スランプを確保できるように，適切な混和剤を用いる等によりスランプ保持性を有する配合を選定しておくことが重要である．なお，一般には，静置状態にある少量の試料を用いた室内試験と比べて，実機ミキサで製造し実車で常時アジテートした状態の方がスランプの低下が小さくなる傾向にあり，実機試験の方がスランプの保持時間が概ね 30 分程度長くなると考えてよい.

　また，ミキサの形式によっても練混ぜ性能は大きく異なり，練上がり時の品質やその後の品質変化に影響を及ぼすため，室内試験に用いるミキサは実機ミキサと同形式のものを用いることが望ましい.

　（2）について　室内試験における試し練りは，一定の温度条件で行うのが望ましく，JIS A 1138「試験室におけるコンクリートの作り方」に従って行う．ただし，室内試験時と実際の施工時期とが相当に異なり，打込み温度も大きく異なることが予想される場合には，その温度条件の違いを考慮して配合を決定する必要がある．また，必要に応じて，実機による試し練りを行い，室内試験で得られた配合を修正するのがよい.

　（3）について　配合試験では配合設計で定めた配合が，所定のスランプ，空気量，圧縮強度等を有しているかどうかを確認する．一般に，圧縮強度は，標準養生した供試体の材齢 28 日における圧縮強度で確認する.

5.6　　配合の表し方

　配合の表し方は，一般に表5.6.1によるものとし，スランプは標準として荷卸し時の目標スランプを表示する．

表 5.6.1　配合の表し方

粗骨材の最大寸法 (mm)	スランプ[1] (cm)	空気量 (%)	水セメント比[2] W/C (%)	細骨材率 s/a (%)	単位量　(kg/m³)						
					水 W	セメント C	混和材[3] F	細骨材[4] S 普通	CGS	粗骨材 G ～ mm	～ mm	混和剤[5] A

注 [1] 必要に応じて，打込み時の最小スランプや練上がり時の目標スランプを併記する．
　[2] ポゾラン反応性や潜在水硬性を有する混和材を使用する場合は，水セメント比は水結合材比 W/(C+F)となる．
　[3] 複数の混和材を用いる場合は，必要に応じて，それぞれの種類ごとに分けて別欄に記入する．
　[4] 上段に普通細骨材と石炭ガス化スラグ細骨材 (CGS)に分けて記入する．また，下段にこれらを合わせた細骨材の単位量と（　）内には石炭ガス化スラグ細骨材混合率（容積比）を記入する．
　[5] 混和剤の単位量は mL/m³，g/m³，またはセメントあるいは混和材を含めた結合材に対する質量分率で表し，薄めたり溶かしたりしない原液の量を記入する．

【解　説】　配合は質量で表すことを原則とし，コンクリートの練上がり 1 m³ 当たりに用いる各材料の単位量を表5.6.1のような配合表で示す．石炭ガス化スラグ細骨材コンクリートの配合の表し方は，細骨材の単位量の表し方を除いて，一般のコンクリートと基本的に同じである．細骨材の単位量の欄には，普通骨材および石炭ガス化スラグ細骨材の単位量をそれぞれ明記し，石炭ガス化スラグ細骨材混合率を容積比で記入する．

　配合表に記載するスランプは，荷卸し時の目標スランプを示すことを標準とし，必要に応じて練上がり時の目標スランプや打込み時の最小スランプを併記しておくのがよい．さらに，充塡性や圧送性について，スランプに応じた適切な材料分離抵抗性を有しているかどうかの目安として，セメントおよび混和材等の各種の粉体を総計した単位粉体量を併記しておくのがよい．AE 減水剤や高性能 AE 減水剤の使用量は，単位セメント量あるいは単位結合材量に対する比率を併記する．

6章　石炭ガス化スラグ細骨材コンクリートの製造・施工

6.1　一　般

（1）　石炭ガス化スラグ細骨材コンクリートの製造は，所要の品質を有するコンクリートが得られるように行う．

（2）　石炭ガス化スラグ細骨材コンクリートの運搬，打込み，締固め，仕上げ，および養生は，所要の性能を有するコンクリート構造物が構築できる方法で行う．

（3）　石炭ガス化スラグ細骨材コンクリートの製造・施工にあたっては，コンクリートの製造および施工に関する十分な知識および経験を有する技術者を配置し，それぞれ適切な管理を行う．

【解　説】　（1）～（3）について　所要の品質を有する石炭ガス化スラグ細骨材コンクリートを製造するためには，製造設備が所要の性能を有していること，製造方法が適切であること，ならびにコンクリートの品質を安定させる管理能力を有する技術者が品質管理を行うことが重要である．

コンクリートの製造を継続すると，使用材料の品質や状態，外気温等を含む製造環境や製造設備の経年変化等によって，コンクリートの品質・性能が一定の規則性を持って変化する場合がある．このような場合は，製造設備の確認を行った後，必要に応じて配合の修正を行い，製造するコンクリートの品質・性能の試験を行って，その結果に基づいて配合を変更する必要があるか検討する．配合の修正が長期に及ぶ場合，またはこの修正によって，石炭ガス化スラグ細骨材コンクリートの性能の規則的な変化が改善できない場合，使用材料の品質に基づいて配合の変更を行う必要がある．また，使用材料や製造方法を変更する場合は，配合の見直しを行うとともに，同じ石炭ガス化スラグ細骨材を用いてコンクリートの製造を継続している場合であっても，少なくとも1年に1度は，当該配合の妥当性を検討し，配合の見直しを継続的に行う．

所要の性能を有する構造物を構築するためには，運搬，打込み，締固め，仕上げ，および養生等施工の方法が適切であること，ならびにコンクリートの施工品質を安定させる管理能力を有する技術者が品質管理を行うことが重要である．

6.2　製　造

6.2.1　レディーミクストコンクリート

石炭ガス化スラグ細骨材を用いたレディーミクストコンクリートの製造は，JIS A 5308「レディーミクストコンクリート」に準拠する．

【解　説】　レディーミクストコンクリートは，JIS A 5308 および JIS Q 1011「適合性評価－日本工業規格への適合性の認証－分野別認証指針（レディーミクストコンクリート）」に規定された仕様，設備，品質管理体

制の下で製造されている．JIS A 5011-5 に適合する石炭ガス化スラグ細骨材を用いたレディーミクストコンクリートは，この指針発刊時の JIS A 5308:2019 および JIS Q 1011:2019 には採用されていない．両規格は，2024 年の改正に向け審議を行っており，最新の規定内容を確認して用いることが必要である．

　JIS 認証品が使用できない場合は，全国生コンクリート品質管理監査会議から㊜マークの使用を承認された工場を選定するのがよい．レディーミクストコンクリート工場の選定は，示方書［施工編］の規定に従う．

　JIS A 5308 において，各種のスラグ骨材を用いたコンクリートは一般のコンクリートと同等の扱いがなされているが，この指針の適用の範囲は，普通コンクリート（呼び強度 18〜45）を対象としている．なお，舗装用のコンクリートおよびコンクリートの表面がすりへり作用を受けるものに石炭ガス化スラグ細骨材を用いる場合は，砕砂や他のスラグ細骨材と同様にすりへりによって失われる量を抑制するため，石炭ガス化スラグ細骨材の微粒分量は 5.0 ％以下とする．

　なお，現時点で十分なデータが得られていない高強度コンクリート（呼び強度 50 以上）は，この指針の適用の範囲外である．したがって，石炭ガス化スラグ細骨材を高強度コンクリートに用いる場合には，試験等によってコンクリートの各種の品質・性能を確認してから用いる必要がある．

6.2.2　貯蔵設備

　石炭ガス化スラグ細骨材の貯蔵設備は，骨材の種類，粒度別に貯蔵することが可能なものとする．

【解　説】　石炭ガス化スラグ細骨材の貯蔵設備は，他の骨材の貯蔵設備と同様に，種類や粒度区分の異なる骨材を別々に貯蔵することが可能な構造とする．また，粒度の変動はスランプ等のコンクリートの品質に影響を及ぼすため，周辺の振動等によって微粒分の沈降など粒径の違いによる分離が生じにくいように貯蔵設備の配置や構造を工夫するのが望ましい．なお，貯蔵にあたっては，骨材を適当な含水状態に保ち，ごみや雑物等の他，塩化物等の有害物が混入することがないように適切に管理する必要がある．

6.2.3　ミキサ

　石炭ガス化スラグ細骨材コンクリートの練混ぜは，バッチミキサを使用することを原則とする．

【解　説】　石炭ガス化スラグ細骨材は，骨材の全量として用いることは少なく，骨材の一部として混合して用いる場合が多い．石炭ガス化スラグ細骨材の絶乾密度は，2.5〜3.1 g/cm³ の範囲にあり，普通細骨材と密度に差があるため，練混ぜ性能の高いバッチミキサを使用するのが望ましい．

　連続ミキサを使用する場合は，練混ぜ性能を確認した上で使用するのがよい．

6.2.4　計　　量

（1）　石炭ガス化スラグ細骨材コンクリートに用いるそれぞれの材料は，所要の品質のコンクリートが

得られるよう，材料の管理状態，コンクリートの温度，スランプの保持時間等を勘案して修正された配合の下に1バッチ分ずつ質量で計量することを原則とする.

（2）　石炭ガス化スラグ細骨材は，他の細骨材と混合しない状態で1バッチ分ずつ計量することを原則とする.

【解　説】　（1）について　貯蔵された材料は，できるだけ安定した状態であることが望ましいが，骨材の表面水率や粒度は貯蔵の状態によって変動する場合も多い．また，貯蔵された材料の温度，外気温等によって練上がりのコンクリート温度は変化する．そのような様々な変動は，練上がり後のコンクリートのスランプや空気量にも影響を及ぼす．したがって，材料の計量は，所要の品質が得られるように，それらの変動を考慮した上で必要に応じて補正した配合の下で行う．石炭ガス化スラグ細骨材コンクリートにおいても，各材料の計量は，コンクリートの品質変動に影響するので，1バッチ分ずつ質量で計量し，1回計量分の許容差を，示方書［施工編］に定められている最大値以下として，各材料を正しく計量することを原則とした．また，練混ぜに用いた材料の計量値は，1バッチの練混ぜ量，骨材の表面水率等とともに記録しておく．レディーミクストコンクリート工場において骨材の計量は，累加計量を行うことがJISで認められている．石炭ガス化スラグ細骨材の累加計量にあたっては，累加計量の差分によって求めた各材料の計量値が，それぞれの計量値の許容差であることを確認する.

　（2）について　石炭ガス化スラグ細骨材と他の細骨材があらかじめ混合された状態の混合砂は，正確な石炭ガス化スラグ細骨材混合率を把握することが困難である．そのため，石炭ガス化スラグ細骨材の計量は，製造時に1バッチずつ行うことを原則とする．なお，これは製造時における細骨材の累加計量を排除するものではない.

6.2.5　練混ぜ

材料をミキサに投入する順序および練混ぜ時間は，あらかじめ適切に定めておく.

【解　説】　均質な石炭ガス化スラグ細骨材コンクリートを製造するため，材料の投入順序および練混ぜ時間をあらかじめ試験練りにより適切に定めておかなければならないことは，一般のコンクリートの場合と同様である．なお，練混ぜ時に石炭ガス化スラグ細骨材と普通骨材とを混合する場合，これらの材料の投入順序が均一性に及ぼす影響はほとんどないと考えてよい．また，石炭ガス化スラグ細骨材コンクリートの練混ぜ時間がコンクリートの品質に及ぼす影響は，一般のコンクリートの場合と同様である.

　この指針の［技術資料］の4.（石炭ガス化スラグ細骨材コンクリートの運搬・施工時における品質変化）に示す施工試験では，市中のレディーミクストコンクリート工場において容量$2.8 m^3$の水平2軸形強制ミキサによって練り混ぜたコンクリートが使用された．これらのコンクリートは普通骨材コンクリートと同一の条件で製造され，同等の品質が得られている.

6.3　練混ぜから打ち終わりまでの時間

　練り混ぜてから打ち終わるまでの時間は，外気温が 25℃以下のときで 2 時間以内，25℃を超えるときで 1.5 時間以内を標準とする．

【解　説】　石炭ガス化スラグ細骨材混合率が 50％以下の場合，石炭ガス化スラグ細骨材コンクリートの凝結時間は，普通骨材コンクリートと比べて同等かやや遅延する傾向にある．また，スランプや空気量の経時変化について，石炭ガス化スラグ細骨材を用いることによる有意な差は認められず，普通骨材コンクリートと比べて同程度であることが確認されている．

　したがって，石炭ガス化スラグ細骨材コンクリートにおいて，練り混ぜてから打ち終わるまでの時間は，一般のコンクリートの場合と同様に，外気温が 25℃以下のときで 2 時間以内，25℃を超えるときで 1.5 時間以内が目安となるので，これを標準とした．

6.4　運　搬

（1）　石炭ガス化スラグ細骨材コンクリートの現場までの運搬は，荷卸しが容易で，運搬中に材料分離を生じにくく，スランプや空気量等の変化が小さい方法とする．

（2）　石炭ガス化スラグ細骨材コンクリートのポンプによる現場内での運搬は，圧送後のコンクリートの品質とコンクリートの圧送性を考慮して，コンクリートポンプの機種および台数，輸送管の径，配管の経路，吐出量等を定める．

【解　説】　（1）について　石炭ガス化スラグ細骨材コンクリートのプラントから現場までの運搬は，一般のコンクリートと同様の方法で行ってよい．また，運搬時間の経過に伴うスランプや空気量の異常な低下はなく，フレッシュコンクリートの性状の経時変化は，一般のコンクリートとほぼ同じと考えてよい．

　（2）について　コンクリートポンプで圧送されるコンクリートは，圧送作業に適し，圧送後に品質の低下がないものであることが重要である．実際に圧送したコンクリートの品質変化が想定の範囲を超える場合には，コンクリートの配合，スランプ，圧送方法等を見直す必要がある．

　石炭ガス化スラグ細骨材コンクリートの圧送試験の結果では，石炭ガス化スラグ細骨材の密度がやや大きいことから，石炭ガス化スラグ細骨材混合率の増大に伴い管内圧力，管内圧力損失が大きくなる傾向が認められた．ただし，「コンクリートのポンプ施工指針」に示される管内圧力損失の標準値（スランプ 12 cm の場合）と比べて顕著な差はなく，吐出量約 25〜50 m³/h における石炭ガス化スラグ細骨材コンクリートの管内圧力損失は標準的な範囲となった．このため，コンクリートポンプによる運搬を行う場合の水平換算長さは，一般のコンクリートと同等と考えてよい．

　石炭ガス化スラグ細骨材コンクリートの圧送に伴うスランプ，空気量の品質変化は普通骨材コンクリートとほとんど相違ないことから，一般のコンクリートと同等の配慮を行えば問題ない．ただし，石炭ガス化スラグ細骨材は普通骨材と比べて密度がやや大きく，また，ガラス質で表面が平滑であるために保水性に乏しいことから，石炭ガス化スラグ細骨材混合率を大きくするとブリーディング量は増加する傾向にある．この

ため，圧送を長時間中断した場合，再開時の圧送抵抗が大きくなり閉塞の危険性が高くなると考えられる．したがって，石炭ガス化スラグ細骨材コンクリートを使用する場合は，できるだけ連続して圧送するように計画し，やむを得ず中断する場合でも，その時間をできるだけ短くすることが望ましい．

　また，コンクリートの配合設計時に圧送性についても検討し，必要に応じて細骨材率を増大させたり，単位粉体量を増やしたりする等の適切な措置を講じるとともに，コンクリートポンプの機種，配管方法等について事前に検討し，圧送中に閉塞等のトラブルが生じないように注意することが重要である．

　コンクリートポンプによる圧送作業は，圧送条件に応じて十分に対応できる知識と経験を有する者が行う必要がある．このため，圧送作業は，労働安全衛生法に基づく特別教育を受けた者で，かつ，厚生労働省の職業能力開発促進法に定められたコンクリート圧送施工技能士の1級または2級の資格を保有し，また，全国コンクリート圧送事業団体連合会が行う当該年度の全国統一安全・技術講習会を受講している者が行うのがよい．

6.5　　打込み，締固めおよび仕上げ

　石炭ガス化スラグ細骨材コンクリートの打込み，締固めおよび仕上げは，コンクリートの材料分離ができるだけ少なくなるような方法で行う．

【解　説】　石炭ガス化スラグ細骨材混合率が50%以下のコンクリートの施工性は，普通骨材コンクリートのそれと同程度であるため，打込みおよび締固めは一般のコンクリートの施工方法に準じてよい．

　ただし，石炭ガス化スラグ細骨材コンクリートは，石炭ガス化スラグ細骨材混合率の増加に伴いブリーディング量が増加するとともにブリーディング終了時間が長くなる傾向が認められる．このため，普通骨材コンクリートの場合よりもコンクリート打込み中にコンクリート表面にブリーディング水が集まりやすくなることから，打重ね時にはブリーディング水を適当な方法で取り除いてからコンクリートを打ち込む必要がある．さらに，必要に応じて，コンクリートの配合設計時に細骨材率を増大させたり，単位粉体量を増やしたりする等のブリーディング量の低減に向けた適切な措置を講じることも有効である．特に寒中コンクリートの場合，打上がり速度は標準的な打上がり速度2～3 m/hより小さくして管理するのがよい．

　また，石炭ガス化スラグ細骨材コンクリートは，普通骨材コンクリートに比べて，ブリーディング量が増加することにより鉛直型枠面に砂すじや空気あばたが発生し，外観や耐久性を損なう可能性も考えられる．そのため，型枠の組立て時の継目の隙間処理や打込み時の締固めには十分注意する必要がある．

　石炭ガス化スラグ細骨材コンクリートは，ブリーディング量の増加とともにブリーディング終了時間が遅延する場合がある．このため，コンクリートの表面仕上げの時期が遅れることが考えられる．特に，寒冷地における施工等では，この点にも注意する必要がある．また，仕上げのタイミングが遅くなることもあるので，打込み終了時刻等を考慮して，1日の打込み計画を立てるのがよい．スラブ等の面部材においては，沈みひび割れが生じやすいので，タンピング処理が必要になる場合がある．

6.6　　養　　生

　石炭ガス化スラグ細骨材コンクリートは，打込み後の一定期間，硬化に必要な温度および湿度に保ち，有害な作用の影響を受けない方法を定め，石炭ガス化スラグ細骨材コンクリートが所要の品質を確保できるように養生する．

【解　説】　石炭ガス化スラグ細骨材コンクリートの養生は，普通骨材コンクリートと同様に行えばよい．ただし，石炭ガス化スラグ細骨材コンクリートのブリーディングの終了時間が，普通骨材コンクリートに比べて長くなる傾向が認められることから，特に寒冷地では初期凍害を受けないように，適切な養生を行う必要がある．このほか，温度制御養生等一般的な湿潤養生とは異なる条件下で石炭ガス化スラグ細骨材コンクリートの養生を行う場合は，この指針および示方書を参考に影響する特性を検討し，必要に応じて，実績データや試験等によって所要の性能を満足することを確認しておくのがよい．なお，蒸気養生を行う際は，脱型，運搬等の各段階で必要とする強度に達するよう，養生時の温度，期間等を適切に管理することが必要である．

　また，石炭ガス化スラグ細骨材の反応性による物質の透過に対する抵抗性等の品質向上を積極的に期待し，設計に反映する場合には，高炉セメントやフライアッシュセメント等混合セメントを用いた場合と同様に，対象となる石炭ガス化スラグ細骨材コンクリートの湿潤養生を適切な期間に渡って実施する必要がある．

7章　品質管理

7.1　一　　般

　　石炭ガス化スラグ細骨材コンクリートを用いた構造物が所要の品質・性能を有していることを確認する
ために，石炭ガス化スラグ細骨材および石炭ガス化スラグ細骨材コンクリートは，適切な項目と頻度によ
って品質管理を行うものとする．

【解　説】　　所要の性能を有するコンクリート構造物を構築するためには，石炭ガス化スラグ細骨材そのも
のが所要の品質を満足することを確認する必要がある．このため，石炭ガス化スラグ細骨材の使用者（購入
者）は，石炭ガス化スラグ細骨材の受入れに際して，JIS に定められた試験項目および頻度，合否判定基準と
照合して，石炭ガス化スラグ細骨材の製造事業者の提示する試験成績書や品質証明書等に記載の各種試験値
が所要の品質を満足していることを確認する．

　　また，石炭ガス化スラグ細骨材コンクリートの製造および施工は，レディーミクストコンクリートの使用
も含めて，6 章に示された製造，施工上の留意事項が確実に実施されることが重要である．特に，石炭ガス
化スラグ細骨材は普通骨材よりも密度が大きく，保水性が小さい物性により，コンクリートの製造にあたっ
ては，表面水率の変動の影響を受けやすい材料でもある．このため，所要の品質の石炭ガス化スラグ細骨材
コンクリートが円滑かつ安定して製造，施工できるように，石炭ガス化スラグ細骨材コンクリートの品質管
理方法に関する適切な項目とその頻度を明確に定めておく必要がある．

　　石炭ガス化スラグ細骨材コンクリートにおいても，所要の性能を有するコンクリート構造物を造るための
材料，製造，施工における品質管理，さらに発注者に引き渡すまでの構造物の管理における留意点や基本的
な考え方は，一般のコンクリートと同様である．したがって，この章で特に記載のない事項については，示
方書［施工編］に示された品質管理事項に準拠すればよい．

7.2　石炭ガス化スラグ細骨材の品質管理

（1）　　石炭ガス化スラグ細骨材の製造事業者は，石炭ガス化スラグ細骨材が JIS A 5011-5 の規格を満足
するのはもちろんのこと，石炭ガス化スラグ細骨材コンクリートの製造事業者との協議によって定めた期
間を通して，この指針の 2 章で示された品質のものが安定した状態で製造，出荷できるように管理する．
（2）　　石炭ガス化スラグ細骨材コンクリートの製造事業者は，実際の工事に使用する石炭ガス化スラグ
細骨材が適切な品質であることを確認する．

【解　説】　　（1）について　石炭ガス化スラグ細骨材の製造事業者は，JIS A 5011-5 の規格を満足させるの
はもちろんのこと，所定の期間，この指針の 2 章で示された品質の石炭ガス化スラグ細骨材が安定した状態
で連続製造できるように，適切な項目と頻度を明確に定めて管理することが重要である．

　（2）について　石炭ガス化スラグ細骨材の使用者，すなわち石炭ガス化スラグ細骨材コンクリートの製造事業者は，石炭ガス化スラグ細骨材の製造事業者が提示する品質保証書や試験成績書等を確認するとともに，**解説 表** 7.2.1 を参考に適切な管理項目，時期と頻度を定めて，実際の工事に使用する石炭ガス化スラグ細骨材の品質が適切なものであることを確認する必要がある．

　なお，JIS A 5011-5 では，石炭ガス化スラグ細骨材の絶乾密度について，石炭の灰分情報から石炭ガス化スラグ細骨材の製造事業者があらかじめ推定した値を見本値として，これに対する許容差を規定して，品質の変動を管理することとしている．しかし，実際の使用では，工事が長期間に及ぶ場合等，当初の試験成績書に示される見本値の適用期間を過ぎると，炭種の変更等により絶乾密度が大きく変化する場合も起こり得る．そのような場合には，石炭ガス化スラグ細骨材の製造事業者は速やかに最新の試験成績書等を提示するとともに，石炭ガス化スラグ細骨材の使用者はこれを確認して，実際に使用する石炭ガス化スラグ細骨材コンクリートで試し練りを行い，所定の品質のコンクリートとなっていることを確認し，必要に応じて，適切な配合に修正することが重要である．

解説表 7.2.1　細骨材の品質管理項目・頻度・判定基準の例

種類	項目	試験方法	時期・頻度	判定基準
砂	JIS A 5308 附属書 A の品質項目	JIS A 5308 附属書 A で指定された方法	工事開始前，工事中 1 回/月以上および産地が変わった場合	JIS A 5308 附属書 A の規定に適合すること
砕砂	JIS A 5005 の品質項目	JIS A 5005 の方法	工事開始前，工事中 1 回/月以上および産地が変わった場合	JIS A 5005 に適合すること
高炉スラグ細骨材 フェロニッケルスラグ細骨材 銅スラグ細骨材 電気炉酸化スラグ細骨材	JIS A 5011-1 JIS A 5011-2 JIS A 5011-3 JIS A 5011-4 の品質項目	JIS A 5011-1 JIS A 5011-2 JIS A 5011-3 JIS A 5011-4 の方法	工事開始前，工事中 1 回/月以上および産地が変わった場合	JIS A 5011-1 JIS A 5011-2 JIS A 5011-3 JIS A 5011-4 に適合すること
石炭ガス化スラグ細骨材	JIS A 5011-5 の品質項目	JIS A 5011-5 の方法	工事開始前，工事中 1 回/月以上および炭種が変わった場合	JIS A 5011-5 に適合すること
再生細骨材 H	JIS A 5021 の品質項目	JIS A 5021 の方法	工事開始前および JIS A 5021 に規定する頻度	JIS A 5021 に適合すること

7.3　石炭ガス化スラグ細骨材コンクリートの品質管理

　石炭ガス化スラグ細骨材コンクリートの製造事業者および施工者は，所定の期間を通して，所定の品質のコンクリートが安定した状態で製造，施工されるように管理する．

【**解　説**】　石炭ガス化スラグ細骨材コンクリートの品質管理においても，その基本的な考え方や留意点は，一般的なコンクリートと同様であり，示方書［施工編］に従えばよい．ただし，石炭ガス化スラグ細骨材も他のスラグ骨材と同様に，循環資材としてライフサイクルを通じて環境安全性を保証する必要があり，環境安全品質上の管理が不可欠である．このため，石炭ガス化スラグ細骨材の受渡し時の試験成績表を確認するとともに，単位細骨材量と石炭ガス化スラグ細骨材混合率が所定の範囲であることを確認する必要がある．また，石炭ガス化スラグ細骨材は普通骨材よりも密度が大きく，保水性が小さいため，石炭ガス化スラグ細

骨材コンクリートの製造に際しては，石炭ガス化スラグ細骨材の表面水率の変動を管理することが重要である．

　ここで，石炭ガス化スラグ細骨材中の微粒分量が多い場合，密度あるいは吸水率を測定する際の表面乾燥飽水状態の判定が，JIS A 1109「細骨材の密度及び吸水率試験方法」に規定されているフローコーンによる方法では困難となることがある．そのような場合には，JIS A 1103「骨材の微粒分量試験方法」によって洗った石炭ガス化スラグ細骨材を試料としてよい．その場合には，JIS A 1110「粗骨材の密度及び吸水率試験方法」に示されている試料表面の目で見える水膜を拭い去る方法を採用してもよい．なお，石炭ガス化スラグ細骨材の密度および吸水率の測定は，JSCE-C506「電気抵抗法によるコンクリート用スラグ細骨材の密度および吸水率試験方法（案）」を適用してもよい．

　また，安定した品質の石炭ガス化スラグ細骨材コンクリートを製造するためには，石炭ガス化スラグ細骨材の品質変動を小さくすることが必要である．JIS に規定された石炭ガス化スラグ細骨材の品質範囲であっても，上下限の全範囲で変動を許せば安定した品質の石炭ガス化スラグ細骨材コンクリートは製造できない．したがって，石炭ガス化スラグ細骨材コンクリートの製造事業者は，石炭ガス化スラグ細骨材の品質の変動がコンクリートの品質に与える影響をあらかじめ確認し，その許容範囲を社内規格等に定めた上で，石炭ガス化スラグ細骨材に要求する品質を石炭ガス化スラグ細骨材の販売店または製造事業者に明示する必要がある．なお，コンクリートの製造に用いる材料は，石炭ガス化スラグ細骨材だけでなく全ての材料について，受入れ検査によって要求した品質に適合するものが入荷されていることを確認する必要がある．

8章　検　査

8.1　一　般

（1）　石炭ガス化スラグ細骨材の受入れ検査では，JIS A 5011-5 に規定された品質項目について，環境安全品質を含めそれぞれ試験結果が規定に適合することを確認する．

（2）　石炭ガス化スラグ細骨材の検査の時期および頻度は，工事開始前，工事中1回／月以上および炭種が変わった場合を標準とする．

【解　説】　（1）および（2）について　石炭ガス化スラグ細骨材の受入れ検査は，JIS A 5011-5 に規定された品質項目について，所定の方法によって得られた試験結果が JIS A 5011-5 の規定に適合することを製造事業者が発行する試験成績表により確認する．一般に，石炭ガス化スラグ細骨材は同じ炭種であれば，化学成分や絶乾密度のばらつきは小さい．言い換えると，炭種の変更によって化学成分や絶乾密度は大きく変化する場合がある．したがって，購入者は，工事開始前，工事中1回／月以上のほか，炭種を変更した場合も検査によって品質が満たされていることを確認する必要がある．なお，石炭ガス化スラグ細骨材の製造事業者は，発電所の燃料計画に基づいて炭種を変更する時期をあらかじめ把握していることから，工事期間中に炭種の変更が予定されている場合には，購入者に対してその時期を示すことになる．

また，石炭ガス化スラグ細骨材は副生スラグ由来の材料であるため，環境安全品質に関する検査も行う必要がある．JIS A 5011-5 では，石炭ガス化スラグ細骨材の環境安全性を担保するものとして，環境安全形式検査と環境安全受渡検査が規定されている．石炭ガス化スラグ細骨材の製造事業者が行う環境安全形式検査では，骨材単独の石炭ガス化スラグ細骨材試料もしくは利用模擬試料を用いて化学物質8項目の検査が行われる．既往の試験結果において，石炭ガス化スラグ細骨材は溶出量，含有量ともに JIS A 5011-5 に規定される環境安全品質基準を満足していることから，実際には石炭ガス化スラグ細骨材試料による環境安全形式検査が行われることが多い．

環境安全受渡検査は，納入された石炭ガス化スラグ細骨材が環境安全受渡検査判定値を満足することを購入者が試験成績書により確認する行為である．環境安全形式検査に石炭ガス化スラグ細骨材試料を用いる場合，環境安全受渡検査判定値は，JIS A 5011-5 に規定する環境安全品質基準を用いることとなる．一方，環境安全形式検査が利用模擬試料によって行われている場合は，利用模擬試料が環境安全品質基準を満足するように環境安全受渡検査判定値が定められ，石炭ガス化スラグ細骨材の製造ロットごとに環境安全品質試験を行って環境安全受渡検査判定値に適合していることを確認する．

8.2　検査の記録

（1）　石炭ガス化スラグ細骨材および石炭ガス化スラグ細骨材コンクリートの各工程での検査の結果は，検査記録として整理し，保管することを標準とする．

（2）　検査の結果，修正，補修，手直し等の措置を講じた場合には，その原因や修正，補修，手直し等の位置，範囲，使用材料等についても検査記録として保管することを標準とする．

【解　説】　コンクリート構造物の要求性能には，耐久性，安全性，使用性，復旧性等種々あるが，設計耐用期間中はいずれの性能も確保している必要があり，維持管理が重要である．コンクリートの検査結果は，維持管理における構造物の初期状態の把握，点検計画の立案，変状の進行・原因分析等の資料として重要なものである．特に石炭ガス化スラグ細骨材は新しい材料であるため，データの拡充といった観点でも重要である．このため，検査記録を保管することを標準とした．

　記録の保管にあたっては，整理・活用が確実に行えるように，保管すべき内容を選定するとよい．**解説　表 8.2.1** には，石炭ガス化スラグ細骨材の特徴から保管すべき重要な項目の例を示す．

解説 表 8.2.1　記録として保管すべき重要な項目の例

項目	内容	理由
コンクリートの材料・配合に関する資料	・石炭ガス化スラグ細骨材の試験成績表 ・普通骨材の産地，試験成績表 ・コンクリートの配合	・石炭ガス化スラグ細骨材に起因する劣化，変状を分析するため ・アルカリシリカ反応等の長期的な天然骨材への影響を分析するため
施工の記録	・打重ね時間の遅延，降雨の影響等の不具合とその措置	・初期欠陥が石炭ガス化スラグ細骨材コンクリートに及ぼす影響を分析するため
構造物の検査	・表面状態（ひび割れ，コールドジョイント等）の不具合とその措置 ・かぶりの検査位置と結果，かぶり不足に対する措置	・初期欠陥が石炭ガス化スラグ細骨材コンクリートに及ぼす影響を分析するため

付　録

＜目　次＞

付録　Ⅰ

石炭ガス化スラグ細骨材に関する技術資料

　本資料では，石炭ガス化スラグ細骨材（<u>C</u>oal <u>G</u>asification slag <u>S</u>and，略記：CGS）および石炭ガス化スラグ細骨材を用いたコンクリート（以下，石炭ガス化スラグ細骨材コンクリートという）に関する技術情報を抜粋して示す．

1.　石炭ガス化スラグ細骨材の品質

1.1　製造工程と特徴

　石炭ガス化スラグ細骨材は，石炭ガス化複合発電（<u>I</u>ntegrated coal <u>G</u>asification <u>C</u>ombined <u>C</u>ycle，以下，IGCCという）の副生スラグからなるコンクリート用スラグ細骨材で，2020年10月にJIS A 5011-5「コンクリート用スラグ骨材−第5部：石炭ガス化スラグ骨材」によってその品質と試験方法が規定された．2022年現在，IGCC は，営業運転設備と実証設備の両者を合わせて**表** 1.1 および**図** 1.1 に示すプラントが稼働しており，今後の普及が期待されている．**図** 1.2 には石炭ガス化スラグ細骨材の製造工程の例を示す．石炭ガスを生成するガス化炉内において，石炭中の灰分のみが約 1800 ℃に達する高温下で溶融され，溶融スラグとして炉底部に流下する．流下した溶融スラグはウォーターチャンバー（水槽）で急冷され，グラニュラー状の水砕物として系外に取り出される．石炭ガス化スラグ細骨材は，この水砕スラグを磨砕等によって粒度・粒形を調整し，細骨材として製造したものである．なお，実績のない徐冷スラグおよび風砕スラグは対象ではない．石炭ガス化スラグ細骨材の外観を**写真** 1.1 に，走査電子顕微鏡（SEM）による観察画像（二次電子像）を**写真** 1.2 に示す．

　磨砕によって直接的に得られる材料の粒度区分は，CGS5（粒の大きさ：5 mm 以下）に相当し，微粒分を一定量含む．その他の粒度区分は，通常，これを分級することによって製造・製品化される．

表 1.1　国内の IGCC プラント

プラント記号	プラント名称所在地	発電出力（MW）	ガス化方式
P2	大崎クールジェン(株)広島県豊田郡大崎上島町	160	酸素吹き，一室二段噴流床方式
P3	勿来 IGCC パワー(同)勿来 IGCC 発電所福島県いわき市岩間町	525	空気吹き，二室二段噴流床方式
P4	広野 IGCC パワー(同)広野 IGCC 発電所福島県双葉郡広野町	543	空気吹き，二室二段噴流床方式
(参考)P1	常磐共同火力(株)勿来発電所 10 号機福島県いわき市岩間町	250（廃止）	空気吹き，二室二段噴流床方式

図 1.1　IGCC プラントの立地地点

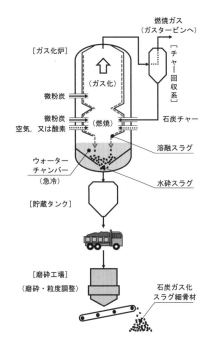

図1.2　石炭ガス化スラグ細骨材の製造工程[90]

写真1.1　石炭ガス化スラグ細骨材の外観[90]

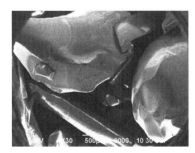

写真1.2　SEMによる観察画像[144]

1.2　化学成分，鉱物組成，環境安全品質

1.2.1　石炭の灰分組成

　IGCCの燃料として用いられる石炭の灰分組成を**表1.2**に示す．灰分組成は，主には石炭の種類（一般に採掘地を指す．以下，炭種という）によって変動し，その分析結果は，通常，石炭の品質データとして採掘時点で石炭の購入者（発電事業者）に提示される．炭種に変化がなければ，**図1.3**に例示するように一定期間の石炭の灰分組成は大きく変化しないと考えてよい．

表1.2　石炭の灰分組成[82],[145]

| 炭種 | 化学成分 （%） | | | | | | | | 備考 |
	SiO_2	Al_2O_3	CaO	MgO	Fe_2O_3	SO_3	Na_2O	K_2O	
i炭	47.3-50.1	17.0-21.9	13.1-14.5	1.1-1.6	4.9-7.7	5.7-6.6	0.6-1.5	1.2-1.6	
ii炭	20.8-38.4	9.2-17.2	15.0-19.2	8.1-13.0	14.4-17.3	5.3-10.3	0.1-1.9	0.6-0.8	
iii炭	28.0-38.8	14.9-20.0	4.6-16.6	2.6-3.7	4.0-4.9	15.5-19.5	5.3-8.4	0.4-0.7	
iv炭	26.0-39.6	11.2-14.3	11.7-30.0	1.4-2.7	8.4-21.1	4.8-12.4	0.7-1.7	0.3-0.5	
v炭*	56.9	21.3	2.1	2.5	8.5	0.5	1.1	2.4	＊ 指針制定時点では
vi炭*	46.2	27.6	4.5	2.2	10.1	1.0	1.7	2.1	未使用の石炭．

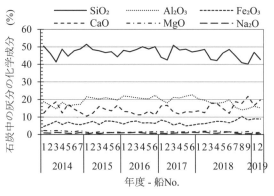

図1.3　同一炭種における石炭の灰分組成の推移（例）[82]より作図

1.2.2　石炭ガス化スラグ細骨材の化学成分

　石炭ガス化スラグ細骨材の化学成分の分析結果を**表 1.3** に示す．主成分は，二酸化けい素（SiO_2），酸化アルミニウム（Al_2O_3），酸化カルシウム（CaO）で構成される．その組成は**図 1.4** に例示するように，硫黄分等ガス化生成過程で除去されるものを除いて，原料である石炭の灰分組成に概ね依存する．石炭の灰分組成は，1.2.1（石炭の灰分組成）で示したとおり，同じ炭種であれば一定期間大きな変化はない．したがって，石炭ガス化スラグ細骨材の化学成分も同じ炭種・製造ロットであれば大きな変化はないと考えてよい．

　JIS A 5011-5 には酸化カルシウム（CaO として），酸化マグネシウム（MgO として），全鉄（FeO として），三酸化硫黄（SO_3 として）の上限値が定められている．これらの規定は，骨材中の化学成分が起因してコンクリートのひび割れや膨張等の悪影響を及ぼさないこと，また骨材の品質を一定の範囲に管理することを目的として定められており，これまで製造された石炭ガス化スラグ細骨材は，いずれもこれを満足している．なお，一部の炭種の石炭ガス化スラグ細骨材は，酸化ナトリウム（Na_2O），酸化カリウム（K_2O）といったアルカリ金属酸化物を多く含む場合がある．

表 1.3　石炭ガス化スラグ細骨材の化学成分の分析結果 [82], [145]

発電所	炭種	化学成分* （%）							
		SiO_2	Al_2O_3	CaO	MgO	FeO	Na_2O	K_2O	SO_3
P1	i 炭	47.1-49.4	17.3-18.2	13.5-20.0	1.1-1.6	5.8-7.6	0.9-1.1	1.4-1.9	0.0-0.1
P2	ii 炭	23.5-35.4	11.0-14.2	18.1-23.5	9.3-12.4	12.0-17.3	0.5-2.8	1.0-1.3	0.0-0.0
P3	iii 炭	31.2-33.5	19.0-19.9	15.8-20.3	3.2-3.9	4.5-5.1	10.0-11.7	0.6-0.8	0.0-0.0
P4	iv 炭	32.4-36.9	13.2-14.0	25.1-31.7	1.9-2.0	10.2-12.1	2.6-3.0	0.6-1.2	0.0-0.0
JIS A 5011-5 規定値 [88]		-	-	≦40.0	≦20.0	≦25.0	-	-	≦0.5

* 化学成分の分析方法は，JIS A 5011-5 附属書 A に従い，SO_3 の分析は，硫酸バリウム重量法，それ以外は，ICP 発光分光分析法による．

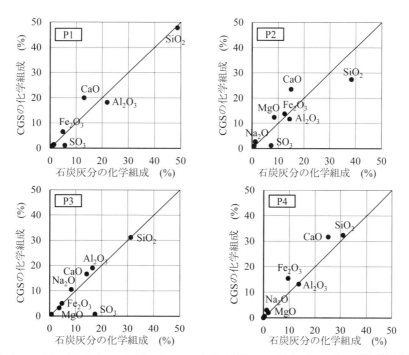

図 1.4　石炭の灰分と石炭ガス化スラグ細骨材の化学組成の関係 [82], [145] より作図

1.2.3　石炭ガス化スラグ細骨材の鉱物組成

　石炭ガス化スラグ細骨材は，**図 1.5** に例示する X 線回折結果のとおり，プラントや炭種によらずブロードなピークが $2\theta=15\sim35°$ に認められ，結晶ピークはほとんど認められない．すなわち石炭ガス化スラグ細骨材は，ほぼガラス相で構成され，結晶鉱物をほとんど含まない．石炭ガス化スラグ細骨材のガラス相は，化学成分の情報からカルシウムを含有するアルミノけい酸塩と見られる．

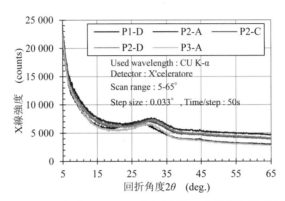

図 1.5　石炭ガス化スラグ細骨材の X 線回折結果 [146]

1.2.4　炭素分

　石炭ガス化スラグ細骨材には，ごく微量の炭素分が含まれる．**写真 1.3** には石炭ガス化スラグ細骨材中に観察された炭素分とガス化炉入口で捕捉した石炭チャー（燃焼前の石炭微粉から揮発分が放出されて残った炭素と灰分の集合体）の二次電子像を示す．これらは形状・寸法が類似しており，ガス化炉内に滞留した石炭チャーが微粉のまま降下して混入していることを示唆している [87]．水砕スラグの払い出し系統，特にスラグ冷却水の系統の違いによって混入程度は異なるが，**図 1.6** に示すように石炭チャーが炉底まで降下しやすいガス化炉の起動直後や停止後等非定常状態で炭素含有率（全試料に対する炭素分の質量分率）が高くなる傾向がある．また，燃焼調整後の安定した運転状態の炭素含有率は低いことが確認されている．

　この炭素分は，空気量を一定に保つための空気連行剤（AE 剤）の使用量を増加させる作用があり，その関係を**図 1.7** に示す．JIS A 5011-5 では，AE 剤の使用量が過剰にならない範囲でコンクリートの品質および配合が管理できるように，炭素含有率の上限値が規定されている．したがって，規格材料として流通する石炭ガス化スラグ細骨材は，AE 剤使用量の調整等が容易である範囲に炭素含有率が管理されていると考えてよい．

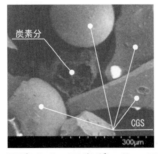 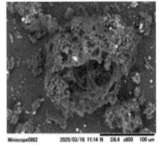

写真 1.3　石炭ガス化スラグ細骨材中の炭素分（左）と
ガス化炉入口で捕捉した石炭チャー（右） [87]

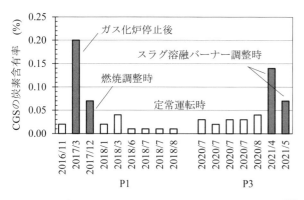
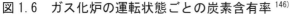

図 1.6　ガス化炉の運転状態ごとの炭素含有率 [146]

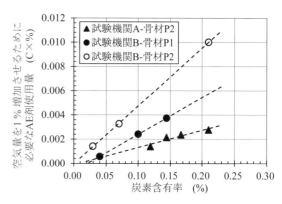

図 1.7　炭素含有率と AE 剤使用量の関係 [89]

1.2.5　環境安全品質

　環境安全品質は，他のスラグ骨材と同様に，石炭ガス化スラグ細骨材が循環資材としてライフサイクルを通じて環境安全性を保つために確保すべき品質である．環境安全性において配慮すべき化学物質の溶出量および含有量の試験結果を**表 1.4** および**表 1.5** に示す．試験結果より，溶出量，含有量ともにほとんどの化学物質が定量下限未満であり，いずれも石炭ガス化スラグ細骨材単独の状態で JIS A 5011-5 の環境安全品質基準を満足している．

表 1.4　石炭ガス化スラグ細骨材の環境安全品質試験結果（溶出量）[144]

| プラント | 測定値 | 石炭ガス化スラグ細骨材試料による実測値[*1]　　（mg/L） | | | | | | | |
		カドミウム (Cd)	鉛 (Pb)	六価クロム (Cr[VI])	ひ素 (As)	水銀 (Hg)	セレン (Se)	ほう素 (B)	ふっ素 (F)
P1	平均又は中央値[*2]	＜0.001	＜0.005	＜0.02	0.005	＜0.0005	＜0.002	＜0.2	＜0.2
	最大値	＜0.001	＜0.005	＜0.02	0.007	＜0.0005	＜0.002	＜0.2	＜0.2
	最小値	＜0.001	＜0.005	＜0.02	＜0.005	＜0.0005	＜0.002	＜0.2	＜0.2
P2	平均又は中央値[*2]	＜0.001	＜0.005	＜0.02	＜0.005	＜0.0005	＜0.002	＜0.20	＜0.20
	最大値	＜0.001	＜0.005	＜0.02	0.008	＜0.0005	＜0.002	0.47	0.28
	最小値	＜0.0003	＜0.001	＜0.02	＜0.005	＜0.0005	＜0.001	＜0.20	＜0.20
P3	平均又は中央値[*2]	＜0.003	＜0.001	＜0.02	0.005	＜0.0005	＜0.001	＜0.10	＜0.20
	最大値	＜0.001	＜0.005	＜0.02	0.006	＜0.0005	＜0.002	＜0.20	0.09
	最小値	＜0.0003	＜0.001	＜0.02	＜0.005	＜0.0005	＜0.001	＜0.10	＜0.08
P4	平均又は中央値[*2]	＜0.0003	＜0.001	＜0.02	＜0.005	＜0.0005	＜0.001	＜0.10	＜0.08
	最大値	＜0.0003	＜0.001	＜0.02	0.002	＜0.0005	＜0.001	＜0.10	＜0.08
	最小値	＜00003	＜0.001	＜0.02	＜0.001	＜0.0005	＜0.001	＜0.10	＜0.08
JIS A 5011-5 規定値[88]	一般用途	≦0.01	≦0.01	≦0.05	≦0.01	≦0.0005	≦0.01	≦1.0	≦0.8
	港湾用途	≦0.03	≦0.03	≦0.15	≦0.03	≦0.0015	≦0.03	≦20	≦15

[*1]　試験機関・装置により定量下限は異なる．

[*2]　定量下限未満の測定値が含まれる場合は中央値，測定値が実数のみの場合は平均値を表す．

表1.5　石炭ガス化スラグ細骨材の環境安全品質試験結果（含有量）[144]

プラント	測定値	カドミウム (Cd)	鉛 (Pb)	六価クロム (Cr[VI])	ひ素 (As)	水銀 (Hg)	セレン (Se)	ほう素 (B)	ふっ素 (F)
		石炭ガス化スラグ細骨材試料による実測値[*1]　（mg/kg）							
P1	平均又は中央値[*2]	<10	<10	<10	<10	<1.0	<10	34	51
	最大値	53.3	13.3	<10	<10	<1.0	<10	548	140
	最小値	<10	<10	<10	<10	<1.0	<10	<20	<20
P2	平均又は中央値[*2]	<10	<10	<10	<10	<1.0	<10	730	388
	最大値	<10	<10	<10	<10	<1.0	<10	1000	550
	最小値	<1.0	<10	<10	<10	<1.0	<10	170	280
P3	平均又は中央値[*2]	<1.0	<10	<10	<10	<1.0	<10	314	454
	最大値	<10	<10	<10	<10	<1.0	<10	410	560
	最小値	<1.0	<10	<10	<10	<1.0	<10	250	370
P4	平均又は中央値[*2]	<1.0	<10	<10	<10	<1.0	<10	630	150
	最大値	<1.0	<10	<10	<10	<1.0	<10	810	200
	最小値	<1.0	<10	<10	<10	<1.0	<10	450	100
JIS A 5011-5 規定値[88]	一般用途	≦150	≦150	≦250	≦150	≦15	≦150	≦4000	≦4000
	港湾用途	規定なし							

[*1] 試験機関・装置により定量下限は異なる.
[*2] 定量下限未満の測定値が含まれる場合は中央値，測定値が実数のみの場合は平均値を表す.

1.3　物理的性質

　石炭ガス化スラグ細骨材の物理試験結果を**表1.6**に示す．いずれの試験項目も JIS A 5011-5 の規格値を満足するものである．

　なお，JIS A 5011-5 の規定では，絶乾密度の見本値（石炭ガス化スラグ細骨材の製造事業者が石炭の灰分組成情報と実績によってあらかじめ推定した値）に対する許容差が設けられており，使用者はあらかじめ示された見本値に対して一定の品質範囲に管理されたものを用いることができる．**図1.8**には石炭の灰分組成情報に基づく絶乾密度の推定値と実測値の関係を示す．

表1.6　石炭ガス化スラグ細骨材の物理試験結果[69],[144]

プラント	測定値	絶乾密度 (g/cm³)	吸水率 (%)	単位容積質量 (kg/L)	実積率 (%)	粗粒率	微粒分量 (%)
P1	平均値	2.69	0.20	1.85	68.5	2.53	5.8
	最大値	2.72	0.24	1.89	69.4	2.65	6.2
	最小値	2.66	0.15	1.81	67.4	2.40	5.2
	標準偏差	0.02	0.04	0.03	0.9	0.09	0.4
P2	平均値	3.02	0.55	2.04	67.7	2.44	6.0
	最大値	3.06	0.88	2.07	69.1	2.55	6.9
	最小値	2.97	0.18	2.03	66.7	2.28	5.6
	標準偏差	0.04	0.23	0.01	0.9	0.10	0.5
P3	平均値	2.77	0.48	1.88	67.9	2.67	4.2
	最大値	2.78	0.67	1.94	69.7	2.81	5.3
	最小値	2.74	0.29	1.82	66.4	2.53	3.5
	標準偏差	0.02	0.16	0.05	1.4	0.11	0.8
P4	平均値	2.93	0.57	2.01	68.6	2.55	4.8
	最大値	2.97	0.80	2.08	70.0	2.56	5.4
	最小値	2.89	0.33	1.94	67.1	2.53	4.1
	標準偏差	0.04	0.24	0.07	1.5	0.02	0.7
JIS A 5011-5 規定値[88]		≧2.5 見本値±0.1	≦1.5	≧1.50	－	協議値±0.2	≦9.0 協議値±2.0
試験方法		JIS A 1109	JIS A 1109	JIS A 1104	JIS A 1104	JIS A 1102	JIS A 1103

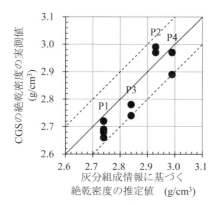

図1.8　絶乾密度の推定値と実測値の関係 [82), 145)より作図]

1.4　ポゾラン反応性

　石炭ガス化スラグ細骨材のガラス相は，カルシウムを含有するアルミノけい酸塩と見られ，高炉スラグの潜在水硬性やフライアッシュのポゾラン反応性と同様に，コンクリート中において水和生成物と反応して，セメントペーストとの界面に反応相を形成することが確認されている [112), 148)]．これらの反応性を，この指針ではポゾラン反応性と称している．**写真1.4**には，コンクリート中の石炭ガス化スラグ細骨材周縁に着目した走査電子顕微鏡（SEM）による二次電子像を，**図1.9**には，石炭ガス化スラグ細骨材界面を横断するエネルギー分散型分光法（EDS）による元素分析の結果を示す．二次電子像より，石炭ガス化スラグ細骨材の周囲には数 μm の反応相が形成されていることが視認できる．また，EDS 分析の結果から，反応相の領域で Si，Al，O，Ca 濃度等が変化していることが確認できる．**図1.10**および**図1.11**には，石炭ガス化スラグ細骨材の使用によって 50 nm 前後の粗大な細孔空隙が減少し，総細孔容積が減少した事例 [77)]を示す．これらの結果が示唆するように，石炭ガス化スラグ細骨材は，反応相の領域でセメント水和物と反応し，界面遷移領域の細孔構造を緻密化すると考えられる．

　石炭ガス化スラグ細骨材の反応性による強度増進および物質の透過に対する抵抗性の向上への影響は，3.3（硬化コンクリートの性質）で後述する．

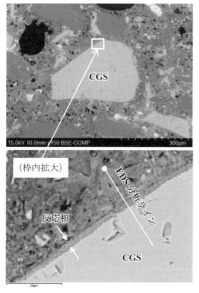

写真1.4　石炭ガス化スラグ細骨材周縁の
SEM 二次電子像 [144)]

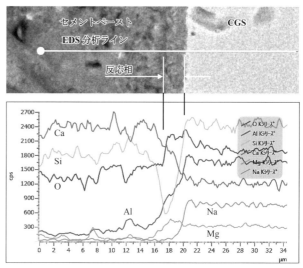

図1.9　石炭ガス化スラグ細骨材界面を横断する
SEM-EDS 分析結果 [144)]

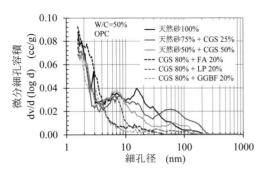

**図 1.10　石炭ガス化スラグ細骨材コンクリート
の細孔径分布** [77]

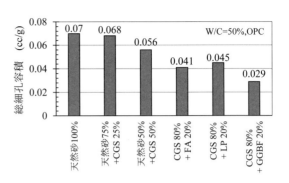

**図 1.11　石炭ガス化スラグ細骨材コンクリート
の総細孔容積計測結果** [77]

1.5　石炭ガス化スラグ細骨材自身のアルカリシリカ反応性

　石炭ガス化スラグ細骨材は，酸化カルシウム（CaO）を含むガラス相であり，反応性鉱物はもとより結晶鉱物をほとんど含まない．石炭ガス化スラグ細骨材のアルカリシリカ反応性について，JIS A 1145「骨材のアルカリシリカ反応性試験方法（化学法）」による試験結果を**図 1.12**に，JIS A 1146「骨材のアルカリシリカ反応性試験方法（モルタルバー法）」による試験結果を**図 1.13**に示す．化学法の試験結果では，溶解シリカ量Sc が比較的少ないため，ほとんどの場合"無害"の判定結果を得ている．また，モルタルバー法による膨張量は判定基準の 0.100 ％を大きく下回っており，反応の兆候は認められない．さらに，既往の研究[151]において，反応性安山岩（粗骨材）を混合したコンクリート試験体を40 ℃で反応促進させた後に偏光顕微鏡で観察した結果においても，石炭ガス化スラグ細骨材に由来するアルカリシリカゲルの滲出は確認されなかった．したがって，石炭ガス化スラグ細骨材そのものがアルカリシリカ反応を生じる可能性は極めて低いと考えられる．

　なお，化学法におけるアルカリ濃度減少量Rcは，石炭ガス化スラグ細骨材から溶出したアルカリ金属（Na，K）の影響により見掛け上小さくなっているものと推察される．

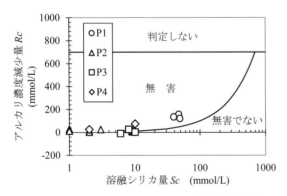

図 1.12　化学法 試験結果 [69], [144]より作図

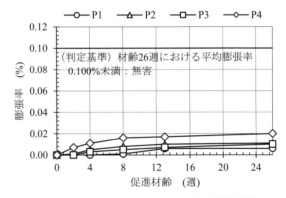

図 1.13　モルタルバー法 試験結果 [144]

2.　石炭ガス化スラグ細骨材を用いたモルタルの性質

2.1　フロー値

　石炭ガス化スラグ細骨材を用いたモルタルの石炭ガス化スラグ細骨材混合率とフロー値の関係を**図 2.1** に示す．いずれの配合においても，石炭ガス化スラグ細骨材混合率の増大とともにフロー値は増大し，モルタルの流動性は高くなっている．この結果は，石炭ガス化スラグ細骨材を用いた場合に同一コンシステンシーを得るための単位水量の低減が可能であることを示唆している．

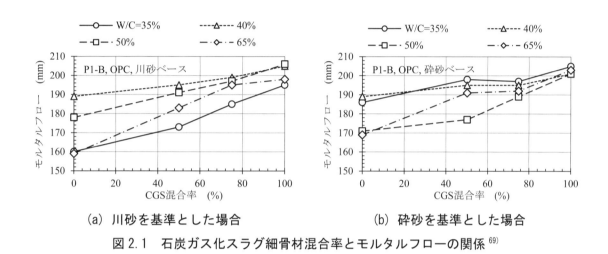

(a)　川砂を基準とした場合　　　　　(b)　砕砂を基準とした場合

図 2.1　石炭ガス化スラグ細骨材混合率とモルタルフローの関係 [69)]

2.2　強度特性

　石炭ガス化スラグ細骨材を用いたモルタルの圧縮強度は，**図 2.2** に示すように，材齢 28 日時点では普通骨材と比べて同等かやや低下する傾向にある．これは，骨材表面が平滑であるために，付着強度が十分に得られていないことが一つの要因であると考えられている．なお，強度の低下傾向は，**図 2.3** に示すように C/W が大きいほどその差が大きくなる傾向にある．

　図 2.4 は，高強度領域を指向したモルタルの圧縮強度試験の結果 [132), 133)] である．W/C=50%，40% の強度は，石炭ガス化スラグ細骨材の使用によって同等かやや増大する傾向が認められる．一方，W/C=30 % 以下の高強度領域では，W/C=40% までの傾向とは異なり，明らかに低下する傾向が認められている．

　ヤング係数は，**図 2.5** の応力－ひずみ曲線が示すように石炭ガス化スラグ細骨材を用いると大きくなる．

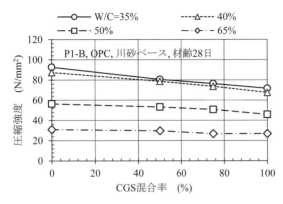

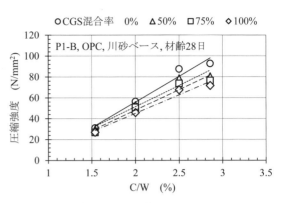

図2.2　石炭ガス化スラグ細骨材混合率と
モルタル圧縮強度の関係 [69]

図2.3　石炭ガス化スラグ細骨材を用いたモルタル
のC/Wと圧縮強度の関係 [69]

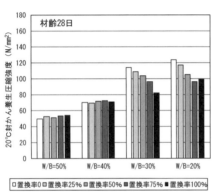

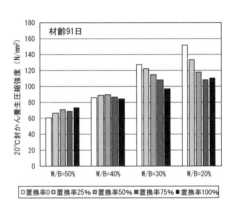

(a)　材齢28日

(b)　材齢91日

図2.4　高強度領域におけるモルタルの圧縮強度試験結果 [133]

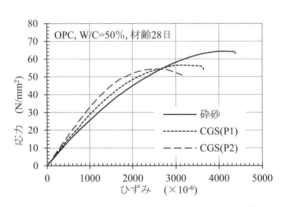

図2.5　モルタルの応力－ひずみ曲線 [69]

2.3　乾燥収縮

　石炭ガス化スラグ細骨材を用いたモルタルの長さ変化率（乾燥収縮）と質量変化率を測定した結果を**図2.6**および**図2.7**に示す．普通細骨材を石炭ガス化スラグ細骨材に置換することで，モルタルの乾燥収縮，質量減少は低減する．これは，石炭ガス化スラグ細骨材自身のヤング係数が大きいこと，吸水率が極めて小さいことが影響していると考えられる．

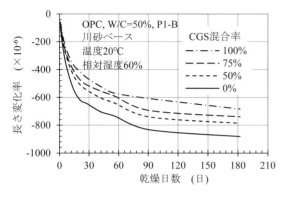
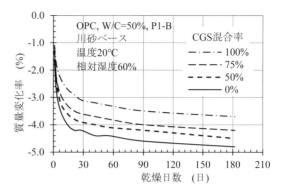

図 2.6　モルタルの乾燥日数と長さ変化率の関係 [69]　　図 2.7　モルタルの乾燥日数と質量変化率の関係 [69]

3.　石炭ガス化スラグ細骨材コンクリートの性質

3.1　フレッシュコンクリートの性質

3.1.1　単位水量

　石炭ガス化スラグ細骨材混合率とコンクリートの単位水量の関係を**図** 3.1 および**表** 3.1 に示す．併用する普通骨材の品質にもよるが，減水剤あるいは AE 減水剤の量を一定としたときの同一スランプを得るための単位水量は，石炭ガス化スラグ細骨材混合率の増大に伴って少なくなる傾向にある．また，単位水量を一定とした場合，減水剤あるいは AE 減水剤の使用量は少なくなる傾向にある．

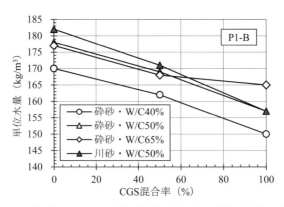

図 3.1　石炭ガス化スラグ細骨材混合率と単位水量の関係 [69]

表 3.1　石炭ガス化スラグ細骨材コンクリートの配合例 [69],[78],[144]

実施機関	スランプ (cm)	CGS 試料名	W/C (%)	CGS 混合率 (%)	単位量（kg/m³）					AE 減水剤* C×%	AE 剤* C×%
					水	セメント	普通細骨材	CGS	粗骨材		
A	12	P1-B	50	0	178	356	824	0	926	0.75	0.05
				50	169	338	821	428	954		0.05
				100	157	314	0	880	981		0.05
B	12	P1-D	50	0	167	334	854	0	964	1.0	0.001
				50	160	320	434	445	983		0.002
				100	162	324	0	885	977		0.002
C	12	P3-A	50	0	170	340	823	0	988	1.0	0.002
				30			576	259		0.8	0.004
				50			411	431		0.6	0.005
				100			0	863		0.6	0.009

＊ AE 減水剤および AE 剤の種類は，実施機関ごとに異なる

3.1.2　空気量

　石炭ガス化スラグ細骨材コンクリートにおいて，AE 剤の使用量は普通骨材と比べて増加する傾向にある．なお，AE 剤使用量は，**図** 1.7 に示したとおり石炭ガス化スラグ細骨材中の炭素含有率と線形の関係が認められている．これは，フライアッシュの未燃炭素が及ぼす影響と同様に，炭素分の細孔に AE 剤が吸着され，その効果を減殺するためと考えられる．なお，JIS A 5011-5 に適合した石炭ガス化スラグ細骨材の炭素含有率は，0.10 ％以下に管理されており，AE 剤の使用量が過剰に増加することはないと考えてよい．

　また，**図** 3.2 に示すとおり，コンクリート中に含まれる炭素分の総量が多いと，硬化後に減少する空気量

が多くなり，気泡間隔係数が大きくなる傾向が認められている[121]．そのため，凍結融解抵抗性が求められるコンクリートでは，石炭ガス化スラグ細骨材の炭素含有率に応じて適切な石炭ガス化スラグ細骨材混合率を選定する必要がある．

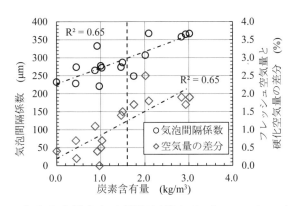

図 3.2　炭素含有量と気泡間隔係数およびフレッシュ空気量と硬化空気量の差分の関係[121]

3.1.3　ブリーディング

図 3.3 に石炭ガス化スラグ細骨材コンクリートのブリーディング試験の結果を示す．他のスラグ骨材と同様に，石炭ガス化スラグ細骨材も普通骨材と比べて密度がやや大きく，また，ガラス質で表面が平滑で保水性に乏しいことから，一般には，石炭ガス化スラグ細骨材混合率を大きくするとブリーディング量は増加する傾向にある．ただし，図 3.4 および図 3.5 に示す石炭ガス化スラグ細骨材混合率 50 ％以下の範囲で実施した試験の結果においては，石炭ガス化スラグ細骨材混合率を最適化することによってブリーディングの増大を抑制できる場合があることも確認されている．

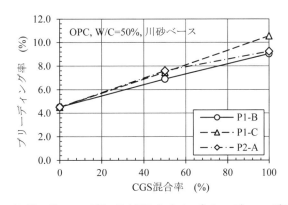

図 3.3　石炭ガス化スラグ細骨材混合率とブリーディング率の関係[69]

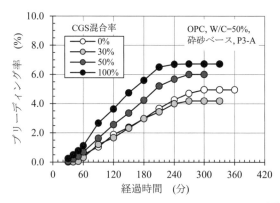

図3.4　経過時間とブリーディング率の関係[114]

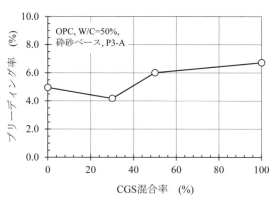

図3.5　石炭ガス化スラグ細骨材混合率と
ブリーディング率の関係[114]より作図

　石炭ガス化スラグ細骨材コンクリートのブリーディングは，**図3.6**および**図3.7**に示すように，石炭ガス化スラグ細骨材に含まれる微粒分量を増やすこと，石灰石微粉末等の粉体を添加すること，あるいはAE減水剤および高性能AE減水剤を用いて単位水量を減少させることによって低減することができる．ただし，石炭ガス化スラグ細骨材に含まれる微粒分量を増やした場合，浮き水の上昇速度は抑えられるが，最終ブリーディング量は低減しない場合がある．これは，AE剤等化学混和剤の使用量の違いによって凝結時間に差異が生じたためと考えられる．

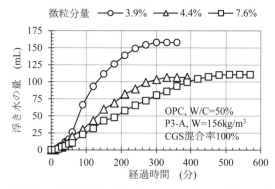

図3.6　微粒分量を変化させたブリーディング
試験の結果[144]

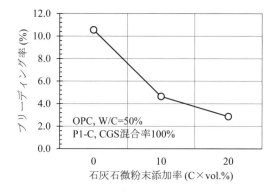

図3.7　石灰石微粉末添加による
ブリーディングの低減効果[69]より作図

3.1.4　凝結時間

　石炭ガス化スラグ細骨材コンクリートの凝結試験結果を**図3.8**および**図3.9**に示す．石炭ガス化スラグ細骨材コンクリートの凝結時間は，普通骨材と比べて同等かやや遅延する傾向にある．石炭ガス化スラグ細骨材の種類によって影響の度合いは若干異なるが，石炭ガス化スラグ細骨材混合率50％以下であれば，始発時間は5〜7時間，終結時間は6〜10時間程度に収まり，一般的な施工の計画を立てることができると言える．

　なお，石炭ガス化スラグ細骨材の微粒分量を増やした場合は，**図3.10**に示すように，凝結時間はやや遅延する傾向にある．

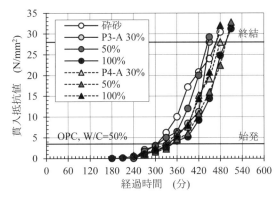

図 3.8　凝結試験結果 [119)を加工]

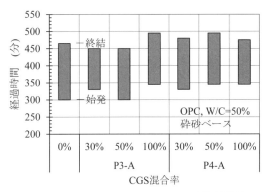

図 3.9　凝結時間の測定結果 [119)より作図]

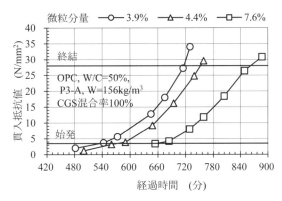

図 3.10　微粒分量を変化させた凝結試験の結果 [144)]

3.1.5　充填性

(1)　タンピング試験および加振ボックス充填試験での流動性

　施工性の検討として，鉄筋間の通過性や振動条件下での変形性についてタンピング試験および JSCE-F 701「ボックス形容器を用いた加振時のコンクリートの間隙通過性試験方法（案）」を参考とした加振ボックス充填試験の結果が報告 [122)] されている．この試験に使用したコンクリートの配合を**表 3.2** に，タンピング試験の結果を**図 3.11** に，加振ボックス充填試験の容器形状を**図 3.12** に，試験結果を**図 3.13** に示す．石炭ガス化スラグ細骨材の使用によってタンピングによるフロー変化は大きくなる傾向にある．なお，粉体量が多い配合では，一定の石炭ガス化スラグ細骨材混合率を超えるとフロー変化率は収束する傾向が確認されている．加振ボックス充填試験の結果においても，石炭ガス化スラグ細骨材の使用によって間隙通過速度および粗骨材残存率の増大，すなわち充填性が向上する傾向が認められた．ただし，タンピング試験の結果と同様に，粉体量の多い配合では，一定の石炭ガス化スラグ細骨材混合率を超えると，それ以上の充填性向上は現れないことが確認されている．

表 3.2　タンピング試験および加振ボックス充填試験に使用したコンクリート配合 [122)]

配合 No.	W/C (%)	s/a (%)	CGS 混合率 (%)	単位量 (kg/m³)							混和剤添加率 (C×wt.%)		
				C	W	S1	S2	CGS	G1	G2	SP	AD	AE
1	50	47	0	295	148	870	-	0	992	-	1.6	-	2.5
2			30			609		279			1.2		4.0
3			50			435		465			1.2		3.5
4			0	280	140	-	885	0	-	1032	2.0	-	0.5
5			30				619	284			1.4		0.4
6			50				442	473			1.7		2.4
7			0	330	165	835	-	0	952	-	-	1.4	3.0
8			30			584		268		-		1.2	4.0
9			50			417		446				1.4	4.0

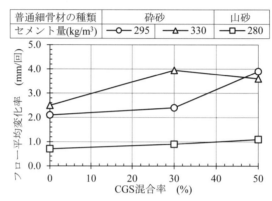

図 3.11　タンピング試験における石炭ガス化スラグ細骨材混合率とフロー変化率の関係 [122)]

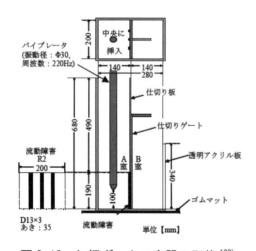

図 3.12　加振ボックス容器の形状 [122)]

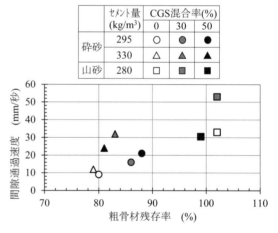

図 3.13　加振ボックス充填試験結果 [122)]

(2) 締固めによる分離性状

　表 3.2 のうち配合 No.1, 2 について，バイブレータを用いて模擬型枠内での締固め・充填性状の確認を行った．模擬型枠の形状を**図 3.14** に示す．型枠内への充填時間は，**図 3.15** に示すとおり，配合 No.2（石炭ガス化スラグ細骨材コンクリート）の方が締固めに要する時間が短い結果となった．また，**図 3.16** に示す粗骨材残存率の結果から，石炭ガス化スラグ細骨材混合率 30 ％のコンクリートは，鉄筋の前後を問わず粗骨材が均一に分散しており，高い充填性を有することが確認された．

　更に，模擬型枠内において，鉄筋障害を設置せずに，型枠内中央・左右・対面の 4 点でブリーディング水の採取・計量を行った．その結果を**図 3.17** に示す．ベース配合はどの測点においてもブリーディング量が少

ないのに対し，石炭ガス化スラグ細骨材コンクリートは，ブリーディング量が増加する傾向となった．これは，バイブレータによって高周波の振動を与えることで，砕砂と石炭ガス化スラグ細骨材の密度差が型枠際での水みち形成に影響を与えたためと推察される．

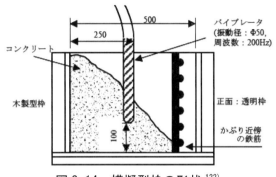

図 3.14　模擬型枠の形状 [122)]

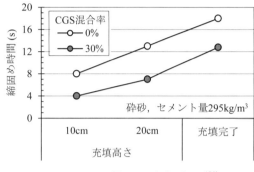

図 3.15　型枠への充填時間 [122)]

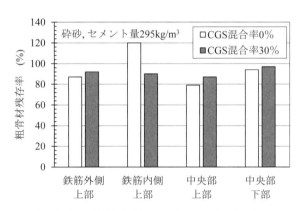

図 3.16　型枠充填後の粗骨材残存率 [122)]

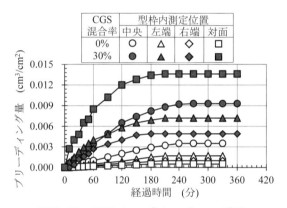

図 3.17　型枠内のブリーディング量の経時変化 [122)]

3.2　単位容積質量

　石炭ガス化スラグ細骨材の絶乾密度は 2.5〜3.1 g/cm³ の範囲に分布し，普通細骨材と比べてやや大きいことから，石炭ガス化スラグ細骨材混合率の増大に伴ってコンクリートの単位容積質量も増大する．コンクリートの配合条件にもよるが，石炭ガス化スラグ細骨材混合率を 100 ％とした場合，単位容積質量は普通細骨材の場合と比べて最大で 200 kg/m³ 程度大きくなる．石炭ガス化スラグ細骨材コンクリートの単位容積質量の試算結果を表 3.3 に示す．石炭ガス化スラグ細骨材の絶乾密度が大きい場合であっても，石炭ガス化スラグ細骨材混合率 50 ％以下であれば，単位容積質量は概ね 2.3 t/m³ と考えてよい．

表 3.3　石炭ガス化スラグ細骨材混合率とコンクリートの単位容積質量の試算結果

W/C (%)	s/a (%)	CGS 混合率 (%)	単位量 (kg/m³)					単位容積質量 (kg/m³)
			W	C	S*	CGS*	G	
50	47	0	178	356	811	0	926	2,271
		50			406	494		2,360
		100			0	967		2,427
65	49	0	177	272	881	0	935	2,265
		50			441	525		2,350
		100			0	1,050		2,434

* 普通骨材の表乾密度を 2.6 g/cm³，石炭ガス化スラグ細骨材の表乾密度を 3.1 g/cm³ とした場合．

3.3　硬化コンクリートの性質

3.3.1　強度特性

(1) 圧縮強度

　石炭ガス化スラグ細骨材コンクリートの圧縮強度試験結果を**図 3.18** に，セメント水比 C/W と圧縮強度の関係を**図 3.19** および**図 3.20** に示す．標準材齢 28 日における石炭ガス化スラグ細骨材コンクリートの圧縮強度は，普通骨材コンクリートと比べて同等かやや低下する傾向にある．これは，石炭ガス化スラグ細骨材の骨材表面が平滑であるために，セメントペーストとの付着が十分でないことによるものと考えられる．一方，石炭ガス化スラグ細骨材コンクリートは，材齢経過とともに強度増進が顕在化し，材齢 1 年以上となると，多くのケースで普通骨材コンクリートの圧縮強度より大きくなる．これは，石炭ガス化スラグ細骨材の反応性に伴う遷移帯の緻密化により強度が増進したためと考えられる．

　なお，石炭ガス化スラグ細骨材コンクリートにおいても，セメント水比と強度の関係は，試験結果の範囲において一般のコンクリートと同様に概ね直線で回帰することができる．

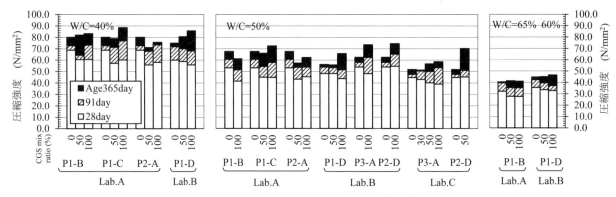

図 3.18　圧縮強度試験結果 [146)]にデータ追加

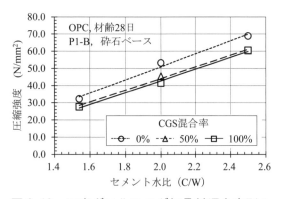

図 3.19　石炭ガス化スラグ細骨材混合率別の
セメント水比と圧縮強度の関係 [69)]

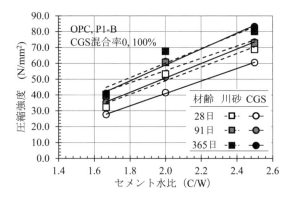

図 3.20　材齢別のセメント水比と圧縮強度の関係
[69)]より作図

(2) 石炭ガス化スラグ細骨材による強度増進

　石炭ガス化スラグ細骨材コンクリートは，**図 3.21** に示すように材齢 28 日程度までの圧縮強度は普通骨材と比べて同等かやや低下する傾向にあるが，長期材齢における強度増進が大きく，材齢 1 年以上になると普通骨材コンクリートより圧縮強度は高くなることが多い．これは，1.4（ポゾラン反応性）で述べた石炭ガス化スラグ細骨材のコンクリート中における水和生成物との反応により，石炭ガス化スラグ細骨材周囲の遷移

領域が緻密化することによる効果と考えられる．この強度増進は，石炭ガス化スラグ細骨材の化学組成によって相違する．反応性の評価指標の例として，高炉スラグ等では下式による SiO_2 に対する修飾酸化物量の重量比 M 値が用いられる．石炭ガス化スラグ細骨材の M 値とベース配合に対する石炭ガス化スラグ細骨材コンクリートの強度の比の関係を図 3.22 に示す．M 値が高い石炭ガス化スラグ細骨材ほど強度の発現が良いことが確認されている [146]．

$$M 値 = \frac{CaO + MgO + R_2O}{SiO_2}$$

ここに，CaO，MgO，R_2O（$=Na_2O+0.659K_2O$），SiO_2 は各化学成分の質量分率を指す．

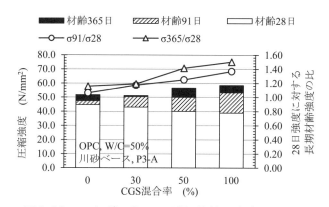

図 3.21　石炭ガス化スラグ細骨材混合率と
圧縮強度，強度増進率の関係 [144] より作図

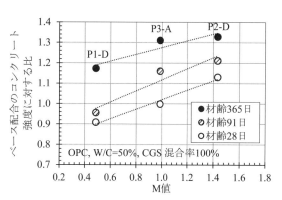

図 3.22　M 値とベース配合のコンクリート強度
に対する比の関係 [146] にデータ追加

(3) その他の強度

石炭ガス化スラグ細骨材コンクリートの引張強度および曲げ強度試験結果を図 3.23 および図 3.24 に示す．圧縮強度に対するそれぞれの強度は，普通骨材コンクリートと同等であり，引張強度は圧縮強度のおよそ 1/10～1/15，曲げ強度は圧縮強度のおよそ 1/5～1/8 の範囲にある．

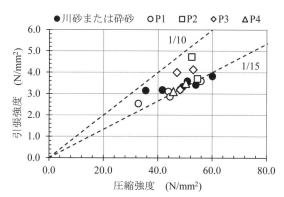

図 3.23　圧縮強度と引張強度の関係 [69],[144] より作図

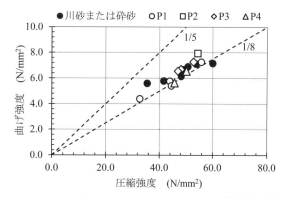

図 3.24　圧縮強度と曲げ強度の関係 [69],[144] より作図

（4）ヤング係数およびポアソン比

　石炭ガス化スラグ細骨材コンクリートのヤング係数は，**図3.25**のとおり，同一圧縮強度の普通骨材コンクリートと比べて同等かやや大きくなる傾向がある．**図3.26**には材齢ごとの応力－ひずみの関係を示す．標準材齢のヤング係数が同等程度であっても，長期材齢ではその後の圧縮強度の増進に伴ってヤング係数は増大する傾向にある．

　一方で，石炭ガス化スラグ細骨材コンクリートは著しい乾燥の影響を受けると，強度の低下とともにヤング係数が普通骨材コンクリートより低下する場合がある．**図3.27**には，石炭ガス化スラグ細骨材混合率と養生条件を要因とした試験結果を示す．一般のコンクリートでは，乾燥によるペーストの収縮に伴って骨材周囲に生じたマイクロクラックの影響によりコンクリートのヤング係数が低下することが知られており，石炭ガス化スラグ細骨材コンクリートの乾燥に伴うヤング係数低下も同様の理由により生じたものと推察される．なお，石炭ガス化スラグ細骨材混合率の増大に伴うヤング係数の低下傾向も認められることから，石炭ガス化スラグ細骨材コンクリートが著しい乾燥の影響を受けた場合，一般のコンクリートより乾燥により生じるマイクロクラックの影響が大きいものと考えられる．

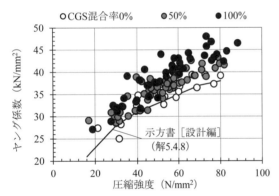

図3.25　圧縮強度とヤング係数の関係 [69) より作図]

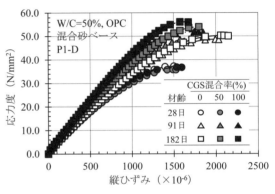

図3.26　材齢ごとの応力－ひずみの関係 [150)]

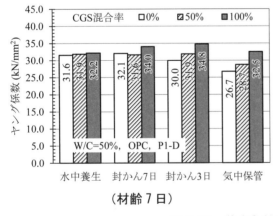

（材齢7日）

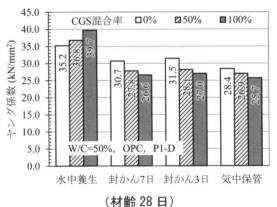

（材齢28日）

図3.27　養生条件別のヤング係数 [150)]

　石炭ガス化スラグ細骨材コンクリートのポアソン比は，**表3.4**に示すように，普通骨材コンクリートのポアソン比と同等であることが確認されている．

表 3.4　圧縮強度，ヤング係数，ポアソン比測定結果（材齢 28 日）[144]

細骨材種類 （試料名）	CGS 混合率 (%)	W/C (%)	圧縮強度 (N/mm²)	ヤング係数 (kN/mm²)	ポアソン比
川砂	0		53.9	31.3	0.191
P2-D	100		54.5	40.4	0.223
P3-A	100	50	48.1	38.1	0.207
P4-A	100		50.2	37.1	0.221

(5) クリープ

　石炭ガス化スラグ細骨材コンクリートのクリープ試験の結果を**図 3.28** および**図 3.29** に示す．石炭ガス化スラグ細骨材コンクリートのクリープひずみは，普通骨材よりもやや小さくなる傾向が認められており，示方書［設計編］で示される予測式を準用できると言える．

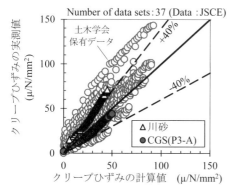

図 3.28　クリープひずみの計算値と
実測値の比較 [140]

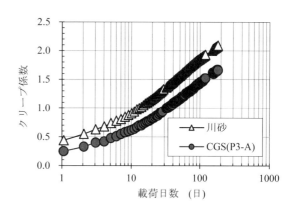

図 3.29　載荷日数とクリープ係数の関係 [140]

3.3.2　乾燥収縮・長さ変化

　石炭ガス化スラグ細骨材コンクリートの乾燥に伴う長さ変化は，**図 3.30** のとおり普通骨材コンクリートと比べて小さくなる．**図 3.31** には，骨材中に含まれる水分量を変数とする示方書［設計編］の推定式を用いた乾燥収縮の予測値と実測値の関係を示す．この結果から，予測値と実測値は概ね整合的であり，石炭ガス化スラグ細骨材コンクリートの乾燥収縮が小さくなる要因は，石炭ガス化スラグ細骨材自身のヤング係数が大きいことの他，石炭ガス化スラグ細骨材の吸水率が極めて小さいことも影響していると考えられる．

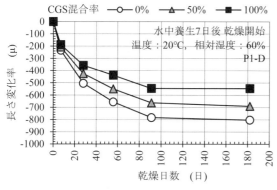

図 3.30　コンクリートの乾燥日数と
長さ変化率の関係 [78]

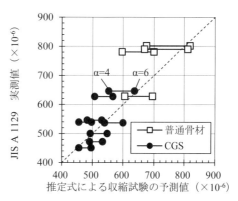

図 3.31　乾燥収縮の推定式による
予測値と実測値の関係 [150]

　図 3.32 には，屋外に 1 年間気中暴露した 100×100×400 mm の角柱供試体を温度 20 ℃，相対湿度 60 ％の室内に 24 時間保管した後に測定した長さ変化率（初期値との差）の結果を示す．長さ変化率は，いずれも正の値（膨張）となっており，その膨張量は，石炭ガス化スラグ細骨材混合率に伴って小さくなる傾向が認められる．供試体温度や湿潤による影響など膨張の要因は定かでないが，この結果は，石炭ガス化スラグ細骨材の使用が，乾燥収縮のみでなく，膨張に対する長さ変化も低減することを示唆している．

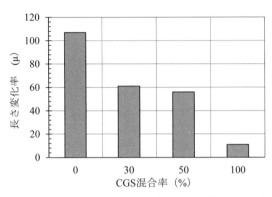

図 3.32　1 年間屋外に暴露した角柱供試体の長さ変化量 [144]

　表 3.5 に示すコンクリートの配合を用いて，JIS A 1151「拘束されたコンクリートの乾燥収縮ひび割れ試験方法」に基づく試験結果を図 3.33 に示す．

　石炭ガス化スラグ細骨材コンクリートのひび割れ発生材齢は，普通骨材コンクリートと比べて長期化する傾向があり，同一環境における乾燥収縮に対する抵抗性が高いことを示唆している．一方，石炭ガス化スラグ細骨材コンクリートは強度発現がやや遅れることから，ひび割れが発生した時点に着目して弾性ひずみを求めると，図 3.34 のとおり石炭ガス化スラグ細骨材混合率の増大とともに，ひび割れ発生ひずみが小さくなることも考えられる．

表 3.5　拘束されたコンクリートの乾燥収縮ひび割れ試験に用いたコンクリート配合 [144]

配合 No.	CGS 試料名	W/C (%)	s/a (%)	スランプ (cm)	空気量 (%)	単位量 (kg/m³)					Ad (C×%)	AE (C×%)
						W	C	S	CGS	G		
12-0	-	50	44	12	4.5	160	320	787	0	1024	1.2	0.002
12-A50	P3-A							392	428		1.2	0.004
12-A100								0	854		0.9	0.005
18-0	-	50	44	18	4.5	173	346	764	0	993	1.2	0.002
18-A50	P3-A							382	414		1.2	0.004
18-A100								0	829		0.9	0.005

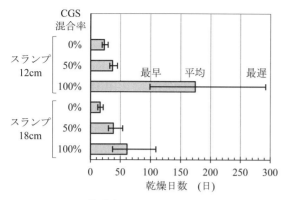

図 3.33　拘束供試体のひび割れ発生材齢

144) より作図

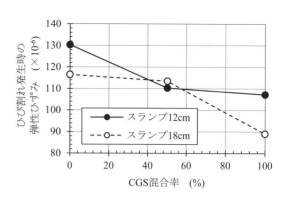

図 3.34　石炭ガス化スラグ細骨材混合率と
ひび割れ発生時の弾性ひずみの関係

144) より作図

3.3.3　熱特性

　石炭ガス化スラグ細骨材コンクリートの熱膨張係数は，**図 3.35** および**表 3.6** に示すとおり，普通骨材コンクリートと比べて，同等かやや小さくなる．

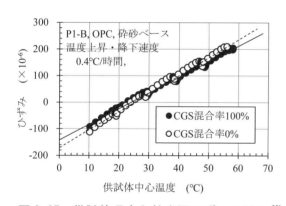

図 3.35　供試体温度と熱膨張ひずみの関係 69)

表 3.6　コンクリートの線膨張係数 69), 144)

試験機関	細骨材の試料名	線膨張係数(×10⁻⁶/℃)
A	笠間産硬質砂岩砕砂	6.9
	霞ヶ浦産川砂	7.7
	P1-B	6.0
	P1-C	6.5
	P2-A	6.6
B	大井川水系川砂(1)	7.9
	大井川水系川砂(2)	7.7
	P1-D	6.9
	P2-D	7.4
	P3-A	7.3

3.3.4　中性化に対する抵抗性（中性化速度係数）

　表 3.7 のコンクリート配合により作製した供試体を用いて，試験（促進）開始材齢を 28 日および 182 日とし，それぞれ JIS A 1153「コンクリートの促進中性化試験方法」に従い実施した試験結果を**図 3.36** に，試験結果から求めた中性化速度係数の算出結果を**表 3.8** に示す．

　試験開始材齢 28 日の場合，石炭ガス化スラグ細骨材の種類によって違いはあるものの，普通骨材コンクリートと比べて中性化深さは同等かやや浅くなる傾向が確認されている．試験開始材齢 182 日の場合，すべての水準において普通骨材コンクリートより石炭ガス化スラグ細骨材コンクリートの方が中性化深さは浅くなっている．すなわち，中性化速度係数は普通骨材コンクリートと同等以下であり，また，材齢の経過とともに小さくなる傾向が認められる．

　石炭ガス化スラグ細骨材コンクリートにおいて，中性化深さが低減される要因は，石炭ガス化スラグ細骨材の反応性に伴う緻密化によって物質の透過に対する抵抗性が向上することが影響しているものと考えられる．

表 3.7　促進中性化試験に用いたコンクリート配合 [144]

配合 No.	CGS 試料名	W/C (%)	s/a (%)	スランプ (cm)	空気量 (%)	単位量　（kg/m³）					Ad (C×%)	AE (C×%)
						W	C	S	CGS	G		
12-0	(山砂)	50	44	12	4.5	160	320	787	0	1024	1.2	0.002
12-A50	P3-A							392	428		1.2	0.004
12-A100								0	854		0.9	0.005
12-B50	P2-D							392	461		1.2	0.020
12-F50	P4-A							392	456		1.2	0.004

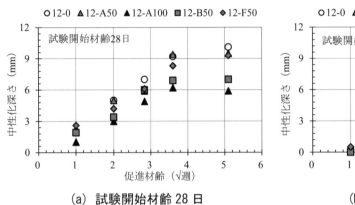
(a)　試験開始材齢 28 日

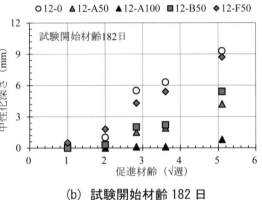
(b)　試験開始材齢 182 日

図 3.36　促進中性化試験結果 [144]

表 3.8　促進中性化試験による中性化速度係数の算定結果一覧 [144]より作成

配合 No.	CGS 試料名	CGS 混合率 (%)	中性化速度係数　（mm/√年）	
			試験開始材齢 28 日	182 日
12-0	(山砂)	0	16.2	12.2
12-A50	P3-A	50	15.4	4.5
12-A100	〃	100	10.2	0.7
12-B50	P2-D	50	12.0	5.8
12-F50	P4-A	50	14.7	11.1

3.3.5　水の浸透に対する抵抗性（水分浸透速度係数）

　表 3.9 のコンクリート配合を用いて，JSCE-G582「短期の水掛かりを受けるコンクリート中の水分浸透速度係数試験方法（案）」に準拠して実施した試験の結果を図 3.37 に，この結果から算定した水分浸透速度係数と W/C との関係を図 3.38 に示す．石炭ガス化スラグ細骨材コンクリートは，W/C によらず石炭ガス化スラグ細骨材混合率の増大に伴って水分浸透深さ，水分浸透速度係数が小さくなる傾向が認められる．これは，石炭ガス化スラグ細骨材の反応性に伴って，遷移帯の緻密化が進むためと推察される．

表 3.9　水分浸透速度係数試験に用いたコンクリート配合 [143]

W/C %	s/a %	CGS 混合率 %	単位量　kg/m³					Ad C×%	AE C×%
			W	C	S	CGS	G		
40	45	0	162	405	789	0	990	1.3	0.002
		50			395	410		1.3	
50	47	0		324	856	0	991	1.0	
		50			428	444		0.7	
		100			0	889		0.6	
60	49	0		270	915	0	978	1.0	
		50			458	475		0.7	

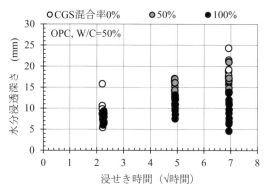

図 3.37　水分浸透速度係数試験の結果 [143]

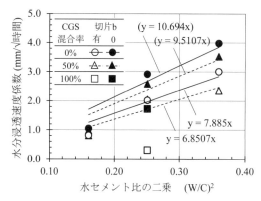

図 3.38　水セメント比の二乗と
水分浸透速度係数の関係 [143]

3.3.6　塩害に対する抵抗性
（1）塩化物イオンの拡散係数

　表 3.10 のコンクリート配合により作製した供試体を用いて JSCE-G 572「浸せきによるコンクリート中の塩化物イオンの見掛けの拡散係数試験方法（案）」に基づき実施した塩水浸せき試験，および暴露試験の結果を図 3.39 および図 3.40 に示す．また，図 3.41 および図 3.42 には，JSCE-G 571「電気泳動によるコンクリート中の塩化物イオンの実効拡散係数試験方法」（定常法）および「電気化学的手法を活用した実効的維持管理手法の確立に関する研究委員会報告書，pp. 23-27，2018（日本コンクリート工学会）」に基づく電気泳動法（非定常法）による実効拡散係数の算定結果を示す．試験の方法によって算出した結果の絶対値は異なるものの，石炭ガス化スラグ細骨材の使用によって拡散係数が小さくなることは共通しており，石炭ガス化スラグ細骨材が塩分浸透抵抗性の向上に寄与することが確認できる．

表 3.10　塩分浸透抵抗性に関する試験に用いたコンクリート配合 [144]

配合 No.	CGS 試料名	W/C (%)	s/a (%)	スランプ (cm)	空気量 (%)	W	C	S	CGS	G	Ad (C×%)	AE (C×%)
12-A0	-	50	46	12	5.0	170	340	823	0	988	1.0	0.002
12-A30	P3-A							576	259		0.8	0.004
12-A50								411	431		0.6	0.005
12-A100								0	863		0.6	0.0095
12-B50	P2-D							411	464		0.8	0.020
12-F50	P4-A							411	459		0.5	0.004

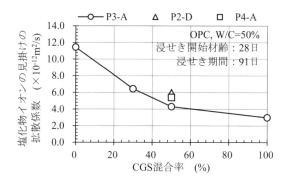

図 3.39　石炭ガス化スラグ細骨材混合率と塩化物イオンの見掛けの拡散係数の関係 [144]

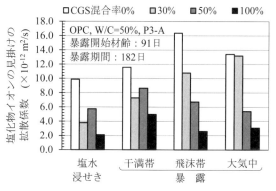

図 3.40　塩水浸せき試験・暴露試験による塩化物イオンの見掛けの拡散係数算定結果 [144]

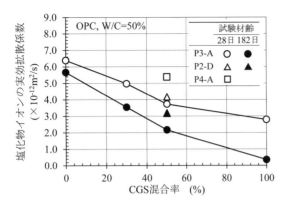

図 3.41　石炭ガス化スラグ細骨材混合率と
定常法に基づく塩化物イオンの
実効拡散係数の関係[144]

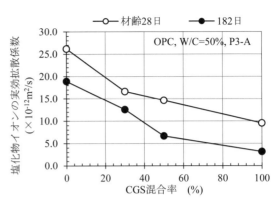

図 3.42　石炭ガス化スラグ細骨材混合率と
非定常法に基づく塩化物イオンの
実効拡散係数の関係[144]

(2) 鋼材腐食発生限界濃度

　鋼材腐食発生限界濃度は，細孔溶液の水酸化物イオンに対する塩化物イオンの比$[Cl^-]/[OH^-]$に支配されると考えられている．石炭ガス化スラグ細骨材は，セメント水和物との反応に伴って細孔溶液中の OH^- を消費すると考えられるため，鋼材腐食発生限界濃度は，高炉セメントやフライアッシュセメント等を用いた場合と同様にやや低くなると推察される．一方，石炭ガス化スラグ細骨材コンクリートは，石炭ガス化スラグ細骨材に含まれる酸化ナトリウム（Na_2O）や酸化カリウム（K_2O）といったアルカリ金属酸化物の作用によって，**図 3.43** に例示するように細孔溶液中の OH^- 濃度が高くなることがある．この場合，$[Cl^-]/[OH^-]$の関係によれば，鋼材腐食発生限界濃度は高くなることもあり得る．実施中の試験の経過として，普通ポルトランドセメントを用いた W/C=60％，石炭ガス化スラグ細骨材混合率 0％，50％のコンクリート角柱供試体（100×100×400 mm，**図 3.44**）を水温 30 ℃の NaCl 3％溶液に，3 日浸せき，4 日乾燥（室温 20 ℃，相対湿度 60％）を 1 サイクルとした腐食促進試験により，供試体内部に配置した鉄筋の自然電位を計測した結果を**図 3.45** に示す．石炭ガス化スラグ細骨材を使用することにより，内部鉄筋の腐食開始は明らかに遅延することが確認できる．この試験は，この指針の発刊時点で継続中であり，引き続き検証を進めていく予定であるが，既に得られた結果の範囲においては，**表 3.11** に示すように腐食開始時点の鋼材位置における推定塩化物イオン濃度（鋼材腐食発生限界濃度）に有意な差は認められない．

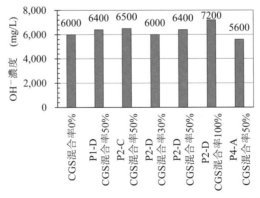

図 3.43　細孔溶液の水酸化イオン濃度の比較[150]

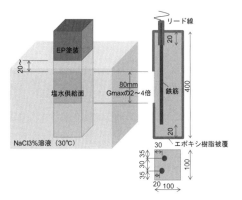

図 3.44　腐食促進試験の浸せき条件と供試体寸法 [150)]

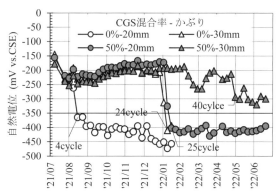

図 3.45　内部鉄筋の自然電位の推移と腐食したと推定されるサイクル数（W/C=60%）[150)]

表 3.11　腐食促進試験における鉄筋腐食状況と鋼材位置の推定塩化物イオン濃度の例 [150)]

CGS 混合率	かぶり 30mm の自然電位が変化した直後の鉄筋腐食状況（W/C=60%，OPC）		腐食開始時点の鋼材位置における推定塩化物イオン濃度*
0%	（塩水供給面側）　c=20mm　c=30mm	（裏側）　c=20mm　c=30mm	1.60 kg/m³
50%	（塩水供給面側）　c=20mm　c=30mm	（裏側）　c=20mm　c=30mm	1.59 kg/m³
備考	c=30mm の鉄筋：わずかな点錆，自然電位が変化した時点を腐食発生時点として妥当と考えられる. c=20mm の鉄筋：自然電位変化後，20cycle 程度経過しているため，点錆の範囲は拡大している. なお，鉄筋の腐食は，塩水供給面の裏側において軽微であった.		

* 解体した供試体の塩化物イオン濃度の分布とかぶり 30mm の鉄筋が腐食したと推定されるサイクル数に基づく算定結果

3.3.7　凍結融解抵抗性

　石炭ガス化スラグ細骨材コンクリートは，石炭ガス化スラグ細骨材中に含まれる炭素分の影響，ブリーディングの増加による影響等により，普通骨材コンクリートと比較すると空気連行性に劣る. そのため，凍結融解抵抗性が求められる場合，適当な径の気泡を連行するために AE 剤の添加量を増やして空気量を確保する，あるいは粉体量の増加等配合の調整によってブリーディングを抑制する必要がある. 図 3.46 には，空気量のみを変化させたコンクリート，図 3.47 には，石灰石微粉末の追加によりブリーディング率を変化させたコンクリートの凍結融解試験における相対動弾性係数の推移を示す. なお，適切な空気連行を行った石炭ガス化スラグ細骨材コンクリートは，図 3.48 に示すとおり石炭ガス化スラグ細骨材混合率によらず，十分な凍結融解抵抗性を確保し，さらに材齢が経過した石炭ガス化スラグ細骨材コンクリートは，石炭ガス化スラグ細骨材の反応性に伴う遷移帯の緻密化によって，普通骨材コンクリートと同等の凍結融解抵抗性を有する.

　なお，石炭ガス化スラグ細骨材コンクリートは一般にブリーディングを生じやすいため，表 3.12 のように側面に対して打込み面のスケーリングが顕在化しやすい傾向にある.

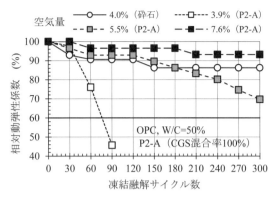

図 3.46　空気量を変化させたときの
凍結融解サイクルと相対動弾性係数の関係 [69]

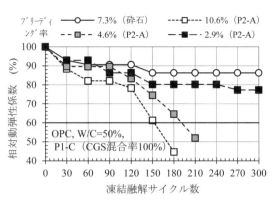

図 3.47　ブリーディング率を変化させたときの凍
結融解サイクルと相対動弾性係数の関係 [69]

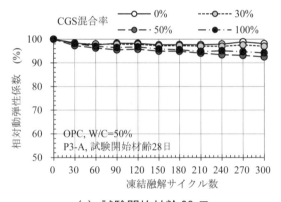

（a）試験開始材齢 28 日

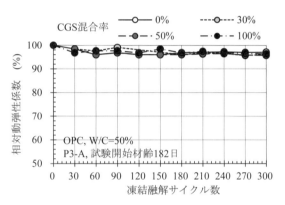

（b）試験開始材齢 182 日

図 3.48　異なる試験開始材齢による凍結融解試験結果 [144]

表 3.12　試験終了後のスケーリング状況（OPC, W/C=50%, CGS 試料名：P3-A）[144]より作成

	CGS 混合率			
	0%	30%	50%	100%
上面				
側面				

図 3.49 には，石炭ガス化スラグ細骨材コンクリートの気泡間隔係数と耐久性指数の関係を示す．石炭ガス
化スラグ細骨材コンクリートは，前述のとおり石炭ガス化スラグ細骨材中に含まれる炭素分の影響，ブリー

ディングの増加による影響等により気泡間隔係数が大きくなる場合がある．ただし，適切な空気連行によって気泡間隔係数を 250μm 以下とすれば，一般のコンクリートと同様に高い耐久性指数を得ることができる．

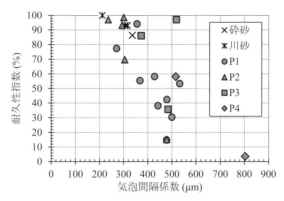

図 3.49　気泡間隔係数と耐久性指数の関係 [69], [144]

3.3.8　アルカリシリカ反応に対する抵抗性

(1) 無害でない普通骨材に石炭ガス化スラグ細骨材が及ぼす影響

　酸化ナトリウム（Na_2O）や酸化カリウム（K_2O）といったアルカリ金属酸化物が多く含まれる石炭ガス化スラグ細骨材は，アルカリ金属の溶出によってコンクリートの細孔溶液のアルカリ濃度を上昇させ，アルカリシリカ反応性を有する（無害でない）骨材の膨張を促進させる場合がある．表 3.13 に示す各種の石炭ガス化スラグ細骨材を用いて，表 3.14 の配合により反応性が高い安山岩粗骨材を併用したコンクリートの円柱供試体（$\phi 100\times 200$ mm）を作製し，JCI-S-010「コンクリートのアルカリシリカ反応性試験方法」を準用して 40℃で促進養生させたときの膨張率測定結果を図 3.50 に示す．また，促進 12 か月時点の膨張率とコンクリート中に含まれる石炭ガス化スラグ細骨材由来のアルカリ総量（$Na_2O_{eq}\times$石炭ガス化スラグ細骨材混合率）の関係を図 3.51 に示す．これらの結果が示すように，石炭ガス化スラグ細骨材に含まれるアルカリ成分が多く，石炭ガス化スラグ細骨材混合率が高い（石炭ガス化スラグ細骨材の単位量が多い）ほど，反応性骨材の膨張を促進する傾向が認められる．

表 3.13　試験に使用した石炭ガス化スラグ細骨材のアルカリ総量と反応性指標 [150]

試料名	P1-D	P2-C	P2-D	P3-A	P4-A
石炭ガス化スラグ細骨材中に含まれるアルカリ総量 Na_2Oeq	1.82	1.25	3.36	10.93	3.39
反応性指標　NBO/T*	0.59	1.44	2.14	0.94	1.60

* なお，反応性指標とする非晶質相の非架橋酸素数の割合 NBO/T は，次のとおり求めた．

NBO/T　：石炭ガス化スラグ細骨材の非晶質相の非架橋酸素数の割合

$$NBO/T=y_{NB}/(x_{SiO2}+2x_{Al2O3}+2x_{Fe2O3}+x_{TiO2}+2x_{P2O5})$$

y_{NB}　：石炭ガス化スラグ細骨材の非架橋酸素数

$$y_{NB}=y_{NB}^{(1)}-2x_{Al2O3}-f_e\cdot 2x_{Fe2O3}$$

$y_{NB}^{(1)}$　：網目修飾酸化物のモル数に陽イオンの価数を乗じたもの

$$y_{NB}^{(1)}=2(x_{CaO}+x_{MgO}+x_{MnO}+x_{Na2O}+x_{K2O})+6(1-f_e)\cdot x_{Fe2O3}$$

$x_{SiO2},\ x_{Al2O3},\ x_{Fe2O3},\ x_{TiO2},\ x_{P2O5},\ x_{CaO},\ x_{MgO},\ x_{MnO},\ x_{Na2O},\ x_{K2O}$

　　　　：各化学成分（$SiO_2,\ Al_2O_3,\ Fe_2O_3,\ TiO_2,\ P_2O_5,\ CaO,\ MgO,\ MnO,\ Na_2O,\ K_2O$）のモル割合を指す．

f_e　：4配位の Fe^{3+} の比率で，ここでは 0 とする．

表 3.14 アルカリシリカ反応促進試験に使用したコンクリート配合 [150]

ケース No.	CGS 試料名	CGS 混合率 (%)	アルカリ 総量 (kg/m³)	単位量　(kg/m³)						AE 減水剤 (C×%)
				水 W	セメント C	石灰石 砕砂 S	CGS	石灰石 砕石 G1	安山岩 G2	
1-1	-	0	3.0	170	340	918	0	686	293	1.0
1-2	P1-D	50	〃	〃	〃	459	471	〃	〃	〃
1-3	P2-C	50	〃	〃	〃	459	516	〃	〃	〃
1-4	P2-D	30	〃	〃	〃	643	310	〃	〃	〃
1-5	〃	50	〃	〃	〃	459	518	〃	〃	〃
1-6	〃	100	〃	〃	〃	0	1035	〃	〃	〃
1-7	P3-A	30	〃	〃	〃	643	287	〃	〃	〃
1-8	〃	50	〃	〃	〃	459	480	〃	〃	〃
1-9	P4-A	30	〃	〃	〃	643	307	〃	〃	〃
1-10	〃	50	〃	〃	〃	459	513	〃	〃	〃

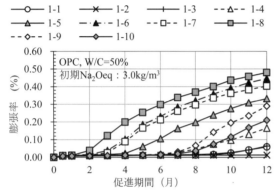

図 3.50 反応性安山岩を用いた促進試験における 膨張率測定結果 [150]

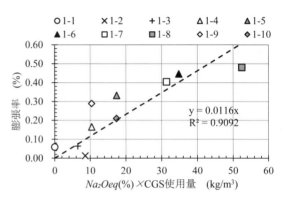

図 3.51 膨張率と石炭ガス化スラグ細骨材 由来のアルカリ総量の関係 [150]

(2) 混和材利用によるアルカリシリカ反応の抑制

アルカリ金属酸化物を多く含む石炭ガス化スラグ細骨材を使用し，フライアッシュまたは高炉スラグ微粉末をセメント置換したコンクリート配合を**表 3.15**に示す．この配合（アルカリ総量は 5.5 kg/m³）により作製した円柱供試体（φ100×200 mm）を 40℃で促進養生させたときの膨張率測定結果を**図 3.52**に示す．この結果から，石炭ガス化スラグ細骨材コンクリートにおいても，フライアッシュや高炉スラグ微粉末等の混和材を用いることによって，コンクリートの膨張を抑制する傾向が確認された．

表 3.15 アルカリシリカ反応促進試験に使用した混和材入りコンクリート配合 [150]

ケース No.	CGS 試料名	CGS 混合率 (%)	混和材 添加率 (%)	アルカリ総量 (kg/m³)	単位量　(kg/m³)								AE 減水剤 (C×%)
					水 W	セメント C	フライアッシュ FA	高炉スラグ BFS	石灰石 砕砂 S	CGS	石灰石 砕石 G1	安山岩 G2	
2-1	P2-D	30		5.5	170	340			643	310	686	293	1.0
2-2	〃	〃	15.5	〃	168	284	52		638	307	680	291	〃
2-3	〃	50		〃	170	340			459	518	686	293	〃
2-4	〃	〃	15.5	〃	168	284	52		455	513	680	291	〃
2-5	P3-A	30		〃	170	340			643	287	686	293	〃
2-6	〃	〃	15.5	〃	168	284	52		638	285	680	291	〃
2-7	〃	50		〃	170	340			459	480	686	293	〃
2-8	〃	〃	15.5	〃	168	284	52		455	476	680	291	〃
2-9	〃	〃	25.3	〃	168	251	85		451	472	675	288	〃
2-10	〃	〃	45.3	〃	170	186		154	457	477	683	291	〃

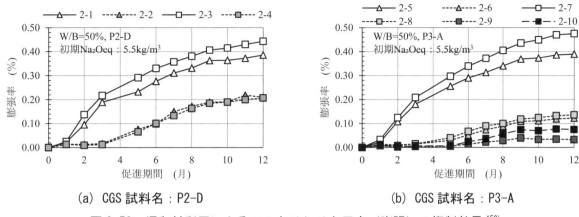

(a) CGS 試料名：P2-D　　　　　(b) CGS 試料名：P3-A

図 3.52　混和材利用によるアルカリシリカ反応（膨張）の抑制効果 [150]

　表 3.14 および**表 3.15** の配合のうち，促進 3 か月時点の試料を対象に，コンクリート中の細孔溶液に含まれるアルカリ金属（Na，K）濃度を分析した結果を**図 3.53** に示す．この結果から，石炭ガス化スラグ細骨材は，コンクリート中にアルカリ成分を溶出し，細孔溶液のアルカリ濃度を高める場合があることが確認された．そのため，石炭ガス化スラグ細骨材コンクリートでは，セメントおよび混和剤由来のアルカリ総量を抑制しても，材齢の経過とともにアルカリ総量が上昇する場合があると考えられる．したがって，石炭ガス化スラグ細骨材コンクリートにおいて，アルカリ総量を抑制することは肝要であるが，これを単独でアルカリシリカ反応の抑制対策とすることは適当でない．

　一方，フライアッシュまたは高炉スラグ微粉末等の混和材は，セメント水和物と反応することで細孔溶液のアルカリを消費する．**図 3.53** の結果においても細孔溶液に含まれるアルカリ成分の量は 3 割程度低減されていることが確認できる．したがって，これら混和材を抑制効果が認められる単位量で利用することは，反応性骨材のアルカリシリカ反応を誘引しないために有効な対策と言える．

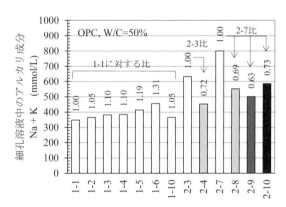

図 3.53　細孔溶液に含まれるアルカリ成分の分析結果 [150]

(3) 化学成分に基づく石炭ガス化スラグ細骨材混合率の最大値

　(1)では，石炭ガス化スラグ細骨材に含まれるアルカリ成分が無害でない骨材の膨張に影響を与えることを示した．石炭ガス化スラグ細骨材に含まれるアルカリ成分の溶出は，石炭ガス化スラグ細骨材のガラス相の溶解によって生じる．ガラス相は，一般に非架橋酸素数の割合 *NBO/T* が高いほど溶解しやすい．したがって，石炭ガス化スラグ細骨材に含まれるアルカリ成分が同等量であっても，石炭ガス化スラグ細骨材の重合

度 *BO/T*（=4−*NBO/T*）によって，アルカリシリカ反応に及ぼす影響は異なるものと考えられる．これを踏まえて，石炭ガス化スラグ細骨材の化学成分情報から石炭ガス化スラグ細骨材混合率あるいは単位使用量の最大値を設定できる可能性がある．以下にはその考え方を示す．

　図 3.54 における反応性骨材に影響を及ぼさない範囲より，石炭ガス化スラグ細骨材混合率の最大値は，使用する石炭ガス化スラグ細骨材の化学成分を用いて下式により求めることができる．すなわち，石炭ガス化スラグ細骨材混合率がこの最大値以下であれば，普通骨材の品質によらず，一般のコンクリートと同様に取り扱うことができると考えられる．

$$R_{CGS} \leq \frac{0.25(BO/T)}{Na_2O_{eq}} \times 100 \qquad (\leq 50\%)$$

ここに，　　　　R_{CGS}　：化学成分に基づく石炭ガス化スラグ細骨材混合率の最大値（%）．

　　　　　　　　BO/T　：石炭ガス化スラグ細骨材の非晶質の重合度．

　　　　　　　　　　$BO/T = 4−NBO/T$

　　　NBO/T　：石炭ガス化スラグ細骨材の非晶質相の非架橋酸素数の割合．

　　　Na_2O_{eq}　：石炭ガス化スラグ細骨材中に含まれるアルカリ総量（Na_2O 換算）．

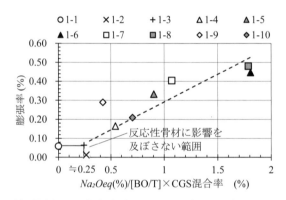

図 3.54　石炭ガス化スラグ細骨材混合率を考慮した重合度に対するアルカリ総量と膨張量の関係 [150]

4.　石炭ガス化スラグ細骨材コンクリートの
運搬・施工時における品質変化

4.1　運搬によるコンクリートの品質変化

4.1.1　試験概要

　生コンプラントから現場までの運搬を模擬し，実機レディーミクストコンクリート製造プラントの水平二軸形強制練りミキサ（公称容量 2.8 m³）により 1.5 m³/バッチを練り混ぜ，その後，トラックアジテータ（最大積載量 4.5 m³）で低速撹拌を継続した後，練上がりから 0，30，60，90，120 分経過時点においてフレッシュ性状（スランプおよび空気量）を確認した[96]．コンクリートの使用材料を表 4.1 に，コンクリートの配合を表 4.2 に示す．

表 4.1　実機試験に用いた使用材料[96]

	使用材料	記号	詳細
セメント		C	普通ポルトランドセメント（密度 3.15 g/cm³）
練混ぜ水		W	地下水
細骨材	石炭ガス化スラグ細骨材	CGS	粒度区分：5mm 以下（試料名：P3-A）（表乾密度 2.80 g/cm³，吸水率 0.22 %，F.M.2.72，微粒分量 5.1%）
	砕砂	S1	福島県相馬郡新地町駒ケ嶺産（表乾密度 2.68 g/cm³，吸水率 1.50 %，F.M.2.72，微粒分量 5.1%）
	山砂	S2	福島県いわき市大久産（表乾密度 2.59 g/cm³，吸水率 1.80 %，F.M.2.66，微粒分量 1.7%）
粗骨材	砕石 2005	G1	福島県双葉郡楢葉町小塙産　（表乾密度 2.70 g/cm³，吸水率 1.10 %，F.M.6.59）
	山砂利	G2	福島県いわき市大久産　（表乾密度 2.61 g/cm³，吸水率 1.20 %，F.M.6.89）
混和剤	AE 減水剤	Ad	標準型I類　（リグニンスルホン酸系）
	AE 剤	AE	I類　（陰イオン系）

表 4.2　実機試験に用いたコンクリートの配合[96]

配合 No.	W/C (%)	air (%)	スランプ (cm)	s/a (%)	CGS 混合率 (%)	単位量(kg/m³)							Ad (C×%)	AE (C×%)
						W	C	CGS	S1	S2	G1	G2		
18-0			18 ±2.5	46.8	0	175	308	0	343	495	295	663	1.0	0.055
18-30				46.8	30	175	308	268	239	347	295	663	1.0	0.065
18-50	56.8	4.5 ±1.5		47.2	50	171	302	453	175	253	295	663	1.0	0.095
12-0			12 ±2.5	44.7	0	161	284	0	338	490	316	710	1.0	0.050
12-30				44.7	30	161	284	265	236	344	316	710	1.0	0.065
12-50				45.0	50	159	280	444	171	248	316	710	1.0	0.070

4.1.2　スランプおよび空気量

　図 4.1 に時間経過（運搬時間）に伴うスランプの推移を示す．なお，試験当日の外気温は，16〜19 ℃，練上がり直後のコンクリート温度は 17〜19 ℃で，練上がり直後のスランプは，いずれのケースも許容差の範囲でやや大きめに設定している．この結果において，スランプ低下量は，石炭ガス化スラグ細骨材混合率の増大に伴ってわずかに大きくなる傾向が認められるものの，90 分経過までは目標値に対する±2.5 cm の許容差内におよそ収まっており，石炭ガス化スラグ細骨材混合率 50 ％以下であれば，石炭ガス化スラグ細骨材を使

用することによるスランプ経時変化への有意な影響はないと言える.

　図4.2には，時間経過（運搬時間）に伴う空気量の推移を示す．スランプと同様に，練上がり直後の空気量は，いずれのケースもやや大きめに設定している．この結果において，ベース配合を含めたいずれのケースも空気量の低下量は1%以下となっており，石炭ガス化スラグ細骨材混合率による影響は認められない．したがって，石炭ガス化スラグ細骨材混合率が50%以下であれば，石炭ガス化スラグ細骨材を使用することによる空気量の経時変化への有意な影響はないと言える.

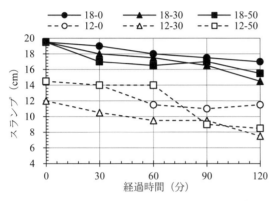

図4.1　運搬時間とスランプの関係 [96)]

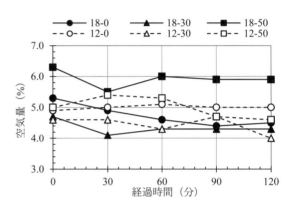

図4.2　運搬時間と空気量の関係 [96)]

4.2　圧送によるコンクリートの品質変化

4.2.1　試験概要

　表4.1および表4.2の材料および配合を用いて，図4.3に示す配管条件でコンクリートポンプ車により圧送性試験を行った [96)]．試験は，市中での汎用な施工規模を想定して，配管径を125A（5B）とし，また，基礎的な圧送特性を得るために，垂直管は用いず，水平管のみを用いて，土木学会コンクリートライブラリー135「コンクリートのポンプ施工指針」に基づく水平換算距離を101mに設定した.

　製造プラントから圧送性試験場所までは10〜20分程度であり，現着のフレッシュ性状を確認したのち，コンクリートの圧送を石炭ガス化スラグ細骨材混合率0→30→50%の順に，また，それぞれ吐出量約25→35→50m³/h（以下，吐出量小，中，大とする）の順に変化させて実施した．最終配合のNo.12-50については，約30分間の圧送中断後，吐出量小により再圧送を行った.

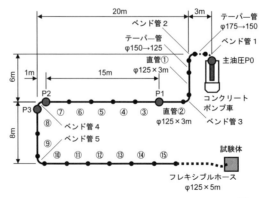

図4.3　圧送性試験の配管レイアウト [96)]

4.2.2　圧送状態と管内圧力損失

　表 4.3 には筒先から排出されるコンクリートの目視確認によって判定した圧送状態および管内圧力の測定値を示す．石炭ガス化スラグ細骨材コンクリートはいずれも順調な圧送状態を維持しており，石炭ガス化スラグ細骨材混合率 50 %以下であれば，石炭ガス化スラグ細骨材の使用がコンクリートの圧送状態に及ぼす影響は小さいと言える．

　図 4.4 には，配管実長と管内圧力の関係を，図 4.5 には，吐出量と直管部（P1-P2 間）の管内圧力から求めた管内圧力損失の関係を示す．石炭ガス化スラグ細骨材の密度がやや大きいことから，石炭ガス化スラグ細骨材混合率の増大に伴って管内圧力，管内圧力損失は大きくなる傾向が認められるが，「コンクリートのポンプ施工指針」の標準値（スランプ 12 cm の場合）と比べて圧力損失に顕著な差はなく，吐出量約 25〜50 m³/h における石炭ガス化スラグ細骨材コンクリートの管内圧力損失は標準的な範囲と言える．

表 4.3　圧送性試験の結果 [96]

配合 No.	吐出量	(m³/h)	圧送状態	管内圧力 (MPa)				配合 No.	吐出量	(m³/h)	圧送状態	管内圧力 (MPa)			
				P0	P1	P2	P3					P0	P1	P2	P3
18-0	小	25	順調	1.0	0.255	0.180	0.172	12-0	小	25	順調	1.2	0.393	0.251	0.266
	中	30	順調	1.0	0.365	0.256	0.244		中	39	順調	1.6	0.600	0.394	0.401
	大	35	順調	1.2	0.458	0.320	0.309		大	52	順調	1.8	0.744	0.499	0.499
18-30	小	27	順調	1.0	0.407	0.287	0.280	12-30	小	27	順調	1.4	0.500	0.332	0.343
	中	29	順調	1.3	0.418	0.293	0.290		中	36	順調	1.6	0.600	0.403	0.410
	大	42	順調	1.4	0.579	0.406	0.404		大	54	順調	2.0	0.790	0.533	0.524
18-50	小	25	順調	1.0	0.384	0.272	0.279	12-50	小	24	順調	1.4	0.503	0.341	0.345
	中	33	順調	1.2	0.504	0.354	0.359		中	34	順調	1.8	0.661	0.442	0.441
	大	41	順調	1.6	0.596	0.408	0.416		大	56	順調	2.4	0.987	0.669	0.648

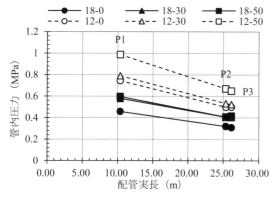

図 4.4　管内圧力の測定結果 [144] より作図

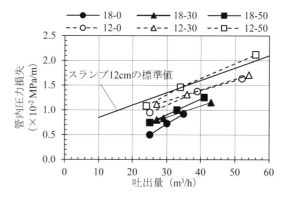

図 4.5　吐出量と管内圧力損失の関係 [96]

4.2.3　フレッシュ性状
(1)　スランプおよび空気量

　図 4.6 および図 4.7 に圧送前後のスランプおよび空気量の品質変化を示す．スランプは，吐出量が大きいほど，またスランプが小さいほど，圧送後のスランプが低下しやすい傾向にあるが，その低下量は 0〜3 cm に留まっており，石炭ガス化スラグ細骨材混合率による有意な差異は認められない．空気量については，圧送によって空気量が低下したケースはなく，吐出量，石炭ガス化スラグ細骨材混合率による影響は認められない．これらの結果から，スランプ，空気量について，石炭ガス化スラグ細骨材コンクリートの圧送に伴う品質変化はほとんどなく，一般のコンクリートと同等の配慮を行えば問題ないと考えられる．

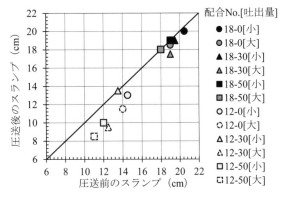

図4.6　圧送前後のスランプの変化[96)]

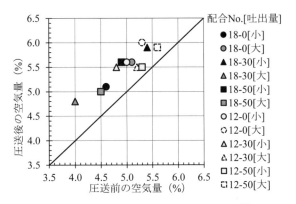

図4.7　圧送前後の空気量の変化[96)]

(2) ブリーディング

　図4.8には，圧送前後のブリーディング率の変化を示す．圧送による脱水の影響を受けているため，ベース配合を含むいずれのケースも圧送後のブリーディング率が低下する傾向が確認できるが，このブリーディングの低下によらず，圧送状態は表4.3で示したとおり良好であった．

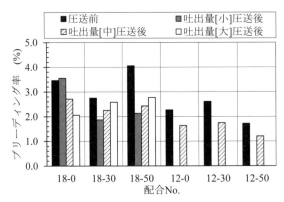

図4.8　圧送前後のブリーディング率[96)]

4.2.4　圧縮強度

　図4.9には，圧送前に採取した供試体の圧縮強度試験結果（20℃標準水中養生および現場封かん養生）を示す．材齢28日までの石炭ガス化スラグ細骨材コンクリートの圧縮強度は，普通骨材コンクリートと同等程度である．しかし，石炭ガス化スラグ細骨材混合率の増大に伴い，その後の長期材齢強度が増進していることが確認できる．また，標準養生，現場封かん養生を比べると，材齢182日までは標準養生の方がやや高い傾向にあるが，材齢365日ではいずれも現場封かん養生の圧縮強度の方が高くなっている．

　図4.10に，圧送前後に採取した供試体の圧縮強度試験結果を示す．石炭ガス化スラグ細骨材混合率によらず圧送前後の強度差はわずかであり，品質変化はほとんど認められない．

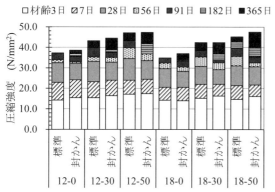

図 4.9　養生条件別の圧縮強度試験結果 [144)より作図]

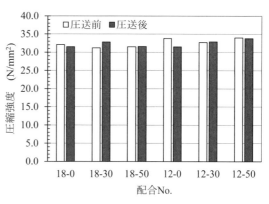

図 4.10　圧送前後に採取した供試体の圧縮強度
　　　　試験結果（材齢 28 日）[144)より作図]

5.　石炭ガス化スラグ細骨材を用いた鉄筋コンクリート部材の力学的特性

5.1　鉄筋コンクリートはり試験体の曲げ，せん断挙動

5.1.1　試験概要

　石炭ガス化スラグ細骨材コンクリートの鉄筋コンクリート部材としての適用性検討を目的として，石炭ガス化スラグ細骨材混合率 3 水準（0, 50, 100 %），材齢 2 水準（シリーズ 1：約 2 か月，シリーズ 2：約 10 か月）のはり試験体を用いて，曲げ試験およびせん断試験を行った[152]．

　使用した材料を**表** 5.1 に，コンクリート配合を**表** 5.2 に示す．また，はり試験体の諸元を**表** 5.3 に示す．

　曲げ試験では，引張鉄筋比が異なる 2 種類のはり試験体を用いた．載荷は，二等分集中荷重により中央に 500 mm の等曲げモーメント区間を設け，両せん断スパンを 500 mm として，せん断スパン比を 500/115 ＝ 4.35 とした．試験体の配筋を**図** 5.1 に示す．

　なお，コンクリートの配合強度は 42 N/mm^2（W/C=50 %）であり，試験体(a), (b)ともに曲げ先行破壊を呈するように設計されている．

表 5.1　はり試験体に用いた使用材料 [152]

項目	記号	適用
水	W	上水道水
セメント	C	普通ポルトランドセメント　密度：3.16g/cm^3
細骨材	S	大井川水系陸砂　表乾密度：2.59g/cm^3，吸水率 1.72%，粗粒率 2.70
	CGS	P3-A，表乾密度：2.79g/cm^3，吸水率 0.22%，粗粒率 2.62
粗骨材	G	青梅産砕石　表乾密度：2.66g/cm^3，吸水率 0.50%，粗粒率 6.74
混和剤	Ad	標準型 I 類（リグニンスルホン酸系）
	AE	I 類（陰イオン系）

表 5.2　はり試験体に用いたコンクリート配合 [152]

配合 No.	CGS 試料名	W/C (%)	s/a (%)	スランプ (cm)	空気量 (%)	単位量　(kg/m^3)					Ad (C×%)	AE (C×%)
						W	C	S	CGS	G		
000	(陸砂)	50	47	12	4.5	163	326	839	0	971	1.0	0.0015
050	P3-A					161	322	422	455	976		0.0020
100						158	316		915	982		

表5.3　はり試験体の諸元 [152)より作成]

試験体		主筋		せん断		梁寸法 (mm)		V_{mu}/V_{yd}	せん断 スパン比	CGS 混合率(%)	試験材齢
		引張	圧縮	試験区間	区間外						
曲げ	(a)	3-D16 p_t: 3.4%	2-D6	D6@50	D6@100	B	150	0.4	4.4	0/50/100	2か月/ 10か月
	(b)	2-D13 p_t: 1.5%	2-D6	D6@50	D6@100	H L	150 1,800	0.3	4.4	0/50/100	2か月/ 10か月
せん断	(c)	3-D19 p_t: 2.2%	3-D19	D6@150	D6@50	B	150	1.8	2.8	0/50/100	2か月/ 10か月
	(d)	3-D19 p_t: 2.2%	3-D19	なし	D6@50	H L	300 1,800	3.1	2.8	0/50/100	2か月/ 10か月

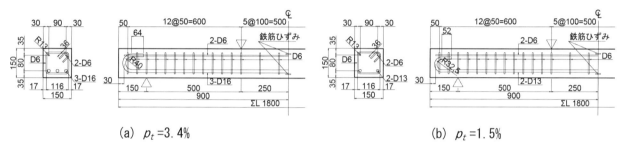

(a) p_t =3.4%　　　　　　　　(b) p_t =1.5%

図5.1　曲げ試験用のはり試験体配筋図 [152)]

せん断試験では，せん断補強筋あり・なしの2種類のはり試験体を用いた．載荷は中央一点載荷で行い，せん断スパンは750 mm，せん断スパン比を750/265 = 2.83とした．はり試験体の配筋を**図5.2**に示す．

なお，コンクリートの配合強度は42 N/mm²（W/C=50 %）であり，試験体(c)は曲げ破壊強度とせん断破壊強度が漸近するものの，試験体(c)，(d)ともにせん断破壊を呈するように設計されている．

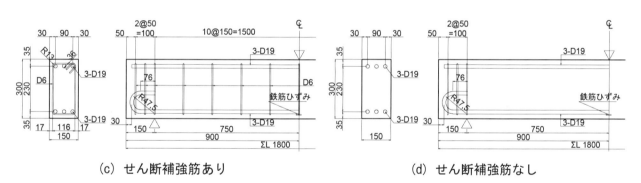

（c）せん断補強筋あり　　　　　　　　（d）せん断補強筋なし

図5.2　せん断試験用のはり試験体配筋図 [152)]

5.1.2　曲げ試験結果

表5.4に曲げ試験結果一覧，**図5.3**および**図5.4**に曲げ試験の荷重−変位曲線を示す．試験の結果は，石炭ガス化スラグ細骨材混合率や材齢を問わず，いずれも設計どおり曲げ破壊を呈した．また，曲げ耐力の実測値は，各材料強度の実測値に基づいて求めた曲げ耐力の計算値とほぼ一致する結果であった．したがって，石炭ガス化スラグ細骨材コンクリートで構築した鉄筋コンクリートはり部材の曲げ耐力は，等価応力ブロックを用いた既存の評価式によって評価することが可能と言える．

表5.4　はり試験体による曲げ試験結果一覧 [152)]

(a) 引張鉄筋比 p_t=3.4%

材齢	記号	実験値*			計算値			圧縮強度(N/mm²)	
		ひび割れ荷重(kN)	鉄筋降伏荷重(kN)	曲げ耐力(kN)	ひび割れ**荷重(kN)	鉄筋降伏荷重(kN)	圧縮縁破壊荷重(kN)	現場養生	標準養生
シリーズ1	000-1	10.0 (0.70)	89.6 (1.03)	92.6 (1.05)	14.3	87.4	88.4	51.2	48.8
(約2か月)	050-1	11.3 (0.81)	93.3 (1.06)	100 (1.14)	13.9	87.9	87.9	49.4	48.4
	100-1	11.0 (0.83)	95.6 (1.08)	101 (1.16)	13.3	88.4	86.8	46.0	45.7
シリーズ2	000-2	9.00 (0.62)	90.0 (1.02)	97.3 (1.10)	14.5	87.9	88.8	52.5	52.8
(約10か月)	050-2	8.99 (0.57)	95.3 (1.08)	101 (1.11)	15.9	88.6	90.8	60.4	56.4
	100-2	7.33 (0.47)	95.0 (1.07)	103 (1.14)	15.7	88.9	90.4	58.9	59.2

(b) 引張鉄筋比 p_t=1.5%

材齢	記号	実験値*			計算値			圧縮強度(N/mm²)	
		ひび割れ荷重(kN)	鉄筋降伏荷重(kN)	曲げ耐力(kN)	ひび割れ**荷重(kN)	鉄筋降伏荷重(kN)	圧縮縁破壊荷重(kN)	現場養生	標準養生
シリーズ1	000-1	9.66 (0.68)	39.3 (1.01)	48.3 (1.12)	14.3	39.1	43.2	51.2	48.8
(約2か月)	050-1	11.3 (0.81)	50.3 (1.28)	51.6 (1.20)	13.9	39.3	42.9	49.4	48.4
	100-1	11.6 (0.87)	50.3 (1.27)	53.6 (1.26)	13.3	39.5	42.4	46.0	45.7
シリーズ2	000-2	9.33 (0.64)	41.7 (1.06)	51.0 (1.17)	14.5	39.3	43.4	52.5	52.8
(約10か月)	050-2	7.67 (0.48)	42.0 (1.06)	53.0 (1.19)	15.9	39.6	44.4	60.4	56.4
	100-2	7.33 (0.47)	43.0 (1.08)	52.0 (1.18)	15.7	39.7	44.2	58.9	59.2

* 実測値欄の( )内は，計算値に対する比率　　** 現場養生の圧縮強度から求めた曲げ強度 $f_t = 0.46 f'_{ck}{}^{(2/3)}$ を用いて算出

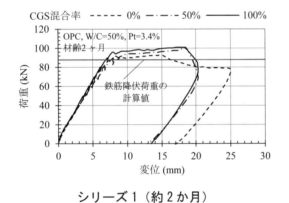
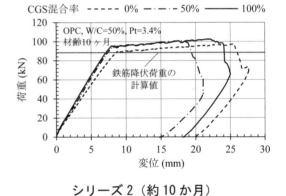

シリーズ1（約2か月）　　　　　　シリーズ2（約10か月）

図5.3　「(a) 引張鉄筋比 p_t=3.4%」の荷重－変位曲線 [152)を加工して作図]

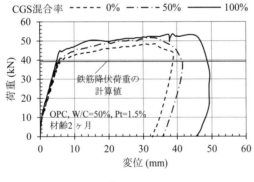
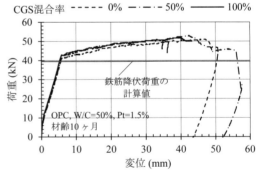

シリーズ1（約2か月）　　　　　　シリーズ2（約10か月）

図5.4　「(b) 引張鉄筋比 p_t=1.5%」の荷重－変位曲線 [152)を加工して作図]

5.1.3　せん断試験結果

　表 5.5 にせん断試験の結果一覧を，図 5.5 および図 5.6 にせん断試験の荷重－変位曲線を示す．なお，試験の結果は，石炭ガス化スラグ細骨材混合率や材齢を問わず，いずれもせん断破壊を呈したが，曲げ耐力との値が近いため，せん断破壊後に主鉄筋の破壊も生じ，部材としては靭性的な挙動がみられるものもあった．

　せん断耐力算定式を準用して材料の実強度により求めた計算値に対し，シリーズ 1，2 ともに斜めひび割れ発生荷重，最大荷重は，耐力計算の不確実性等を考慮する安全係数（部材係数）γ_b=1.3 を考慮すれば，概ね同等と見なせる結果が得られた．

　これらの結果から，石炭ガス化スラグ細骨材コンクリートで構築した鉄筋コンクリートはり部材のせん断耐力は，部材係数を適用することを前提に修正トラス理論に基づく既存の評価式によって評価することが可能と言える．

表 5.5　はり試験体によるせん断試験結果一覧 [152]

(c) せん断補強筋あり

材齢	記号	実験値*			計算値				圧縮強度(N/mm²)	
		ひび割れ荷重(kN)	斜めひび割れ荷重(kN)	最大荷重(kN)	ひび割れ**荷重(kN)	斜めひび割れ荷重(kN)	曲げ破壊荷重(kN)	せん断破壊荷重(kN)	現場養生	標準養生
シリーズ 1	000-1	37.3 (0.98)	121 (0.92)	238 (1.13)	37.9	132	211	207	50.9	54.3
(約 2 か月)	050-1	42.0 (1.11)	161 (1.22)	229 (1.09)	37.7	132	211	207	50.4	46.4
	100-1	40.5 (1.14)	161 (1.26)	221 (1.05)	35.5	128	210	203	46.2	44.1
シリーズ 2	000-2	42.6 (1.03)	114 (0.83)	231 (1.09)	41.4	138	212	213	58.0	54.9
(約 10 か月)	050-2	43.5 (1.02)	127 (0.91)	225 (1.06)	42.5	140	213	215	60.5	58.2
	100-2	38.8 (0.95)	122 (0.89)	242 (1.14)	40.9	137	212	215	56.8	55.8

(d) せん断補強筋なし

材齢	記号	実験値*			計算値				圧縮強度(N/mm²)	
		ひび割れ荷重(kN)	斜めひび割れ荷重(kN)	最大荷重(kN)	ひび割れ**荷重(kN)	斜めひび割れ荷重(kN)	曲げ破壊荷重(kN)	せん断破壊荷重(kN)	現場養生	標準養生
シリーズ 1	000-1	35.8 (0.94)	113 (0.86)	126 (0.95)	37.9	132	211	132	50.9	54.3
(約 2 か月)	050-1	42.3 (1.12)	130 (0.98)	130 (0.98)	37.7	132	211	132	50.4	46.4
	100-1	40.9 (1.15)	141 (1.10)	141 (1.10)	35.5	128	210	128	46.2	44.1
シリーズ 2	000-2	38.4 (0.93)	115 (0.83)	115 (0.83)	41.4	138	212	138	58.0	54.9
(約 10 か月)	050-2	47.6 (1.12)	127 (0.91)	127 (0.91)	42.5	140	212	140	60.5	58.2
	100-2	46.9 (1.15)	111 (0.81)	111 (0.81)	40.9	137	212	137	56.8	55.8

* 実測値欄の(　)内は，計算値に対する比率　　** 現場養生の圧縮強度から求めた曲げ強度 $f_t = 0.46 f'_{ck}{}^{(2/3)}$ を用いて算出

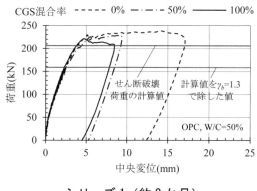
シリーズ 1（約 2 か月）

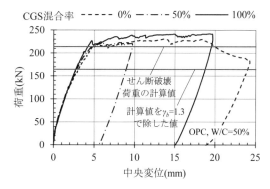
シリーズ 2（約 10 か月）

図 5.5　「(c) せん断補強筋あり」の荷重－変位曲線 [152] を加工して作図

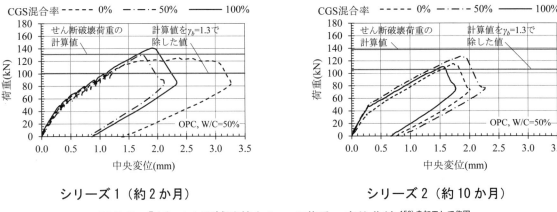

シリーズ1（約2か月）　　　　　　　シリーズ2（約10か月）

図5.6　「(d) せん断補強筋なし」の荷重－変位曲線[152)を加工して作図]

5.2　鉄筋コンクリートの引張剛性

5.2.1　試験概要

　石炭ガス化スラグ細骨材コンクリートと鉄筋の付着特性，引張剛性を検討するため，一軸部材の両引き試験を実施した[152]．なお，使用した材料・配合は，**表5.1**および**表5.2**のとおりである．

　試験体は，**図5.7**に示すとおり，寸法 B150×H150×L1,500 mm，鉄筋径 D19 とした．試験は，油圧ジャッキにより載荷速度 5 kN/min 程度で載荷を行った．

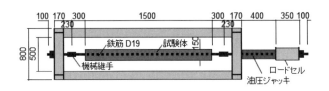

図5.7　両引き試験の試験体外形図[152]

5.2.2　一軸部材の両引き試験結果

　表5.6に両引き試験結果の一覧を示す．また，**図5.8**に最大引張強度で正規化したコンクリート応力比と部材ひずみとの関係（全シリーズのテンションスティフニング特性の比較）を示す．

　石炭ガス化スラグ細骨材混合率の差によって圧縮強度が異なるため，特に石炭ガス化スラグ細骨材混合率の高いものにおいてひび割れ発生荷重が低下することが予見されたが，試験結果は，普通骨材コンクリートより大きくなる結果であった．なお，鉄筋降伏荷重，ひび割れ本数は，いずれも計算値と概ね一致する結果であった．

　応力比とひずみの関係では，石炭ガス化スラグ細骨材混合率が大きくなるにつれて，軟化がやや早くなるような傾向も認められるが，石炭ガス化スラグ細骨材混合率 100 %においても既往のモデルから予測される軟化特性とおよそ同程度の特性を有していることが確認された．したがって，石炭ガス化スラグ細骨材コンクリートの鉄筋との付着，引張剛性は，普通骨材コンクリートと概ね同等と考えられる．

表 5.6　一軸部材の両引き試験結果一覧 [152]

材齢	記号	実験値*			計算値			圧縮強度(N/mm²)	
		ひび割れ荷重(kN)	鉄筋降伏荷重(kN)	ひび割れ本数	ひび割れ**荷重(kN)	鉄筋降伏荷重(kN)	ひび割れ本数	現場養生	標準養生
シリーズ 1	000-1	51.2 (0.62)	114 (1.05)	5	82.6	109	5	51.2	48.8
(約 2 か月)	050-1	70.4 (0.87)	123 (1.13)	4	80.6	109	5	49.4	48.4
	100-1	70.1 (0.91)	116 (1.06)	5	76.9	109	5	46.0	45.7
シリーズ 2	000-2	62.2 (0.74)	118 (1.08)	5	84.0	109	5	52.5	52.8
(約 10 か月)	050-2	71.6 (0.77)	121 (1.11)	5	92.4	109	5	60.4	56.4
	100-2	70.6 (0.78)	114 (1.05)	4	90.9	109	5	58.9	59.2

* 実測値欄の( )内は，計算値に対する比率　　**現場養生の圧縮強度から求めた引張強度$f_t = 0.23f'_{ck}{}^{(2/3)}$を用いて算出

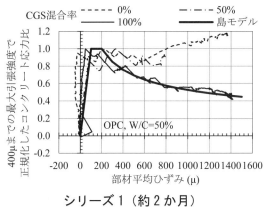
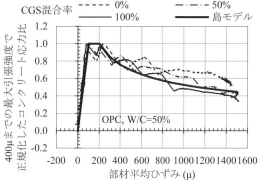

シリーズ 1（約 2 か月）　　　　　　　　　シリーズ 2（約 10 か月）

図 5.8　一軸部材のテンションスティフニング特性の比較 [152]

5.3　鉄筋コンクリートの付着特性

5.3.1　試験概要

　石炭ガス化スラグ細骨材コンクリートと鉄筋の付着特性を検討するため，JSTM C 2101T「引抜き試験による鉄筋とコンクリートとの付着強さ試験方法」に基づき，鉄筋付着強度の評価を行った [135]．なお，使用した材料・配合は，表 5.7 および表 5.8 のとおりである．

　供試体は，図 5.9 に示すとおり，ブリーディングによる影響を合わせて観察するため，鉄筋を上下水平に配置した．

表 5.7　鉄筋付着強度試験に用いた使用材料 [135]

項目	記号	適用
水	W	上水道水（20±3℃）
セメント	C	普通ポルトランドセメント　密度：3.16g/cm³，比表面積 3250cm²/g
細骨材	S	陸砂　表乾密度：2.63g/cm³，吸水率 1.21%
	CGS	表乾密度：2.92g/cm³，吸水率 0.52%，微粒分量 5.97%，炭素含有率 0.30%
粗骨材	G	砕石　表乾密度：2.63g/cm³，吸水率 0.70%
混和剤	Ad	リグンスルホン酸化合物とポリエーテルの複合体
	AE	アルキルエーテル系陰イオン界面活性剤
	CE	低分子量セルロースエーテル

表 5.8　鉄筋付着強度試験に用いたコンクリート配合 [135)]

| 配合 | W/C | s/a | 単位量 (kg/m³) | | | | | Ad | AE | 空気量 | スランプ | 温度 | ブリーディング |
No.	(%)	(%)	W	C	S	CGS	G	(C×%)	(C×%)	(%)	(cm)	(℃)	量(cm³/cm²)
F45-0	45	47	180	400	802	0	904	0.34	0.012	8.0	22.0	19.1	0.51
F45-100					0	890		0.45	0.032	3.0	18.0	21.0	0.82
F55-0	55			327	830	0	964	0.2	0.004	4.5	18.5	21.2	0.49
F55-25					623	230		0.5	0.020	6.0	23.0	24.7	0.89
F55-50					415	461		0.6	0.025	4.2	20.0	23.5	1.00
F55-100					0	922		0.6	0.055	5.2	20.5	22.2	1.00
F55-100-CE					0	922		0.6	0.055	5.4	20.0	21.1	0.28
F65-0	65			277	850	0	822	0.04	0.0037	3.7	20.0	19.3	0.75
F65-100					0	943		0	0.064	1.8	18.0	20.7	0.80

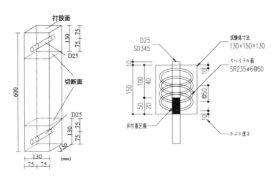

図 5.9　鉄筋付着強度試験体概略図 [135)]

5.3.2　鉄筋付着強度試験結果

図 5.10 に各水準の付着強度の算定結果を示す．下端筋においては，石炭ガス化スラグ細骨材混合率が高くなると付着強度が大きくなる傾向が認められる．一方，上端筋はブリーディングによる影響を受けているものと見られ，下端筋より付着強度は低下し，ブリーディング量が多くなると付着強度が低下する傾向が認められる．ブリーディング抑制を目的にセルロースエーテルを加えた配合（F55-100-CE）では，石炭ガス化スラグ細骨材混合率によらずベース配合以上の付着強度が得られている．

図 5.11 には，圧縮強度と付着強度の関係を示す．石炭ガス化スラグ細骨材コンクリートにおいても，一般のコンクリートと同様に，圧縮強度が増すと付着強度も大きくなる傾向が認められる．

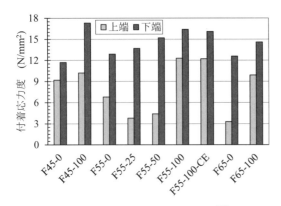

図 5.10　付着強度試験結果 [135)]

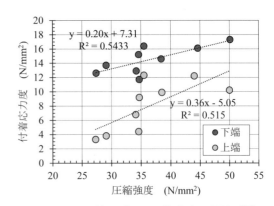

図 5.11　圧縮強度と付着強度の関係 [135)]

6.　実規模試験体による屋外暴露試験

6.1　暴露条件

　石炭ガス化スラグ細骨材コンクリートの実規模試験体による屋外暴露試験として，発電所構内に配した L 型コンクリート擁壁により調査を実施している[130),144)]．この指針の発刊時点の経過年は 2 年に留まるが，以降，継続して調査・分析を行う計画である．

　擁壁の断面および配置を図 6.1 および図 6.2 に，供用状況を写真 6.1 に示す．暴露環境としては，壁面は両面とも大気中にあり，風雨の影響を受ける．また，海岸汀線からの距離は約 60m で，平時に直接波浪の作用はないが，冬期荒天時には護岸パラペットを越えて飛沫が到達する場合がある．図 6.3 には近傍の気象データを示す．-5℃を下回ることは稀で，特に凍結融解に対して厳しい環境ではない．

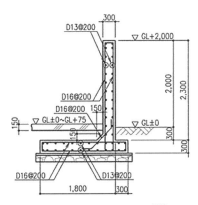

図 6.1　構造断面図[130)]

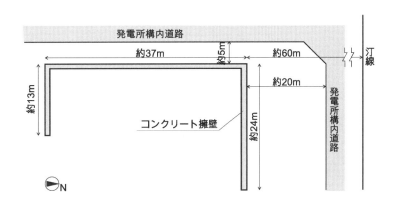

図 6.2　L 型コンクリート擁壁の配置平面図[130)]

写真 6.1　擁壁の供用状況[130)]

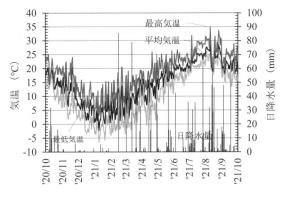

図 6.3　暴露地点の気象条件[130)]

　以降に示すとおり，現時点において，擁壁躯体に劣化や変状は顕在しておらず，石炭ガス化スラグ細骨材コンクリートは普通骨材コンクリートと同等の品質，性能を有している．

6.2　ひび割れ，染み，破損等の外観

写真 6.2 に脱型後の外観の比較を示す．色味，表面の荒れ（気泡の多さ），仕上がり（砂すじの有無）ともに，石炭ガス化スラグ細骨材混合率による違いはほとんど認められない．

また，暴露開始以降，ひび割れ，染み，破損等の経年（1 年）に伴う変状も認められていない．

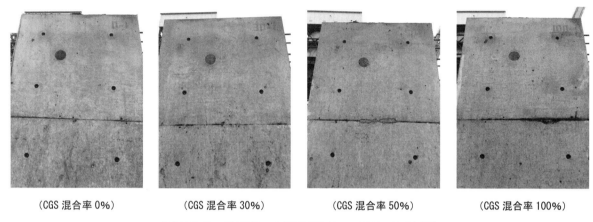

| （CGS 混合率 0%）　（CGS 混合率 30%）　（CGS 混合率 50%）　（CGS 混合率 100%） |

写真 6.2　脱型後の暴露試験体の外観の比較 [144]

6.3　コア供試体の圧縮強度

擁壁の壁部から採取した φ100mm のコア供試体の圧縮強度を図 6.4 に示す．室内試験で得られている傾向と同様に，材齢 28 日時点の圧縮強度は，石炭ガス化スラグ細骨材混合率の増大に伴ってやや低下する傾向にあるが，材齢経過とともに強度増進し，材齢 1 年では石炭ガス化スラグ細骨材混合率の増大に伴って圧縮強度は増加している．

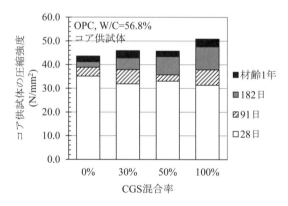

図 6.4　コア供試体の圧縮強度試験結果 [130]

6.4　中性化深さ

擁壁の壁部から採取した φ100mm のコア供試体によりフェノールフタレイン法により測定した中性化深さの測定結果を図 6.5 に示す．

調査時点では，中性化深さに有意な差は認められていない．

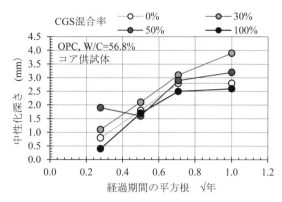

図 6.5　コア供試体による中性化深さ測定結果 [130]

6.5　塩分浸透深さ

　採取したコア供試体について，EPMA 分析結果より粗骨材範囲を除いて求めた塩化物イオン濃度の分布を図 6.6 に示す．掲載時点のデータでは，表層部にのみ塩分浸透が認められ，15mm 以深の塩化物イオン濃度の変化はほとんど認められない．表層部の塩化物イオン濃度は配合によってばらつきはあるが，統一的な傾向は認められず，継続的な計測によって引き続き観察していく必要がある．

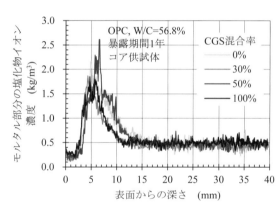

図 6.6　EPMA 分析結果から求めた塩化物イオン濃度の分析結果 [144] プロファイルより作図

付録　Ⅱ

石炭ガス化スラグ細骨材に関連する文献一覧

番号に*印のあるものは，溶融スラグを再焼成して自己発泡させた人工軽量骨材に関するもの．この指針が対象とする石炭ガス化スラグ細骨材とは異なるため，参考扱いとする．

著者 報告書等作成者	タイトル	掲載先 対象事業・委員会	巻・号	ページ	年月
1)　栗山武雄, 奥田徹	石炭ガス化複合発電時に発生する石炭灰溶融スラグの有効利用－セメント混和材およびコンクリート用細骨材としての利用に関する検討－	電力中央研究所報告	U86022		1987.2
2)　高橋毅, 小谷田一男	石炭ガス化スラグ灰の有効利用法に関する調査	電力中央研究所報告	W88047		1989.5
3)　平戸瑞穂, 二宮善彦, 小原 智之	石炭高温ガス化炉から排出される石灰石添加スラグのセメント混和材利用に関する基礎研究	日本エネルギー学会誌	Vol.71, No.3	pp.181-188	1992.3
4)　下条幹雄, 亀山修二, 藤井長年, 阿部高之, 鈴木孝平	石炭ガス化におけるスラグ改質試験	日本エネルギー学会大会講演要旨集	Vol.4	pp.168-171	1995.7
5)　金津努, 山本武志, 中野毅弘, 三巻利夫, 犬丸淳, 芦沢正美, 原三郎, 市川和芳, 白坂優, 岡村隆吉, 井上和重, 遠藤孝夫	石炭ガス化スラグのセメント・コンクリート分野への適用性評価	電力中央研究所報告	U30		1996.10
6)*　山本武志, 市川和芳, 犬丸淳, 森浩文, 山口修, 南部正光, 井沢泰雄	石炭ガス化スラグを用いた人工軽量骨材の開発と性能評価	電力中央研究所報告	U02059		2003.4
7)　清水一都, 石川嘉崇, 友澤史紀	石炭灰溶融化スラグ有効利用システムの研究：その1 概要	日本建築学会大会学術講演梗概集（東海）	Vol.2003	pp.403-404	2003.9
8)　熊谷茂, 石川嘉崇, 真野孝次	石炭灰溶融化スラグ有効利用システムの研究：その2 コンクリート用骨材としての各種試験	日本建築学会大会学術講演梗概集（東海）	Vol.2003	pp.405-406	2003.9
9)　原孝志, 石川嘉崇, 阿部道彦	石炭灰溶融化スラグ有効利用システムの研究：その3 石炭灰溶融化スラグ細骨材を用いたモルタル試験	日本建築学会大会学術講演梗概集（東海）	Vol.2003	pp.407-408	2003.9
10)　石川嘉崇, 原孝志, 友澤史紀	石炭灰溶融化スラグ有効利用システムの研究：その4 石炭灰溶融化スラグ細骨材を用いたコンクリート試験	日本建築学会大会学術講演梗概集（東海）	Vol.2003	pp.409-410	2003.9
11)　木村博, 石川嘉崇, 熊谷茂	石炭灰溶融化スラグ有効利用システムの研究：その5 コンクリート2次製品の試作	日本建築学会大会学術講演梗概集（東海）	Vol.2003	pp.411-412	2003.9

著者 報告書等作成者	タイトル	掲載先 対象事業・委員会	巻・号	ページ	年月
12) 原孝志, 石川嘉崇, 友澤史紀	石炭灰溶融化スラグ有効利用システムの研究：その 6 硬化コンクリートの耐久性試験	日本建築学会大会学術講演梗概集（北海道）	Vol.2004	pp.123-124	2004.9
13) 友澤史紀, 石川嘉崇, 原孝志	石炭灰溶融化スラグ有効利用システムの研究：その 7 高強度コンクリートへの適用性	日本建築学会大会学術講演梗概集（北海道）	Vol.2004	pp.125-126	2004.9
14) 熊谷茂, 石川嘉崇, 友澤史紀, 木村博	石炭灰溶融化スラグ有効利用システムの研究：その 8 各種スラグとの比較検討	日本建築学会大会学術講演梗概集（北海道）	Vol.2004	pp.127-128	2004.9
15) 木村博, 石川嘉崇, 友澤史紀, 熊谷茂	石炭灰溶融化スラグ有効利用システムの研究：その 9 スラグ界面の検討	日本建築学会大会学術講演梗概集（北海道）	Vol.2004	pp.129-130	2004.9
16) 那須義範, 友澤史紀, 石川嘉崇, 染谷雅史	石炭灰溶融化スラグ有効利用システムの研究：その 10 コンクリートの応力-ひずみ特性	日本建築学会大会学術講演梗概集（近畿）	Vol.2005	pp.963-964	2005.9
17) 北辻政文, 和田潤, 沖裕壮, 半澤英安	石炭ガス化溶融スラグ細骨材のプレキャストコンクリート製品への利用	土木学会年次学術講演会講演概要集	Vol.60, V-405	pp.809-810	2005.9
18)* 蔵重勲, 山本武志, 市川和芳, 沖裕壮	石炭ガス化スラグの高付加価値化有効利用技術の開発－コンクリート用軽量細骨材への適用性評価－	電力中央研究所報告	N05040		2006.7
19) 北辻政文	石炭ガス化溶融スラグのコンクリート用細骨材としての利用に関する基礎的研究	コンクリート工学年次論文集	Vol.28, No.1	pp.71-76	2006.7
20)* 蔵重勲, 山本武志, 市川和芳, 森浩文	石炭ガス化炉スラグ軽量細骨材を用いたコンクリートの基礎物性	コンクリート工学年次論文集	Vol.28, No.1	pp.1505-1510	2006.7
21) 山下洋, 石川嘉崇, 染谷雅史, 友澤史紀	石炭溶融水砕スラグのコンクリート用細骨材への利用に関する研究：その 1 研究概要	日本建築学会大会学術講演梗概集（関東）	Vol.2006	pp.275-276	2006.9
22) 那須義範, 石川嘉崇, 染谷雅史, 山下洋, 友澤史紀, 木下茂	石炭溶融水砕スラグのコンクリート用細骨材への利用に関する研究：その 2 石炭溶融水砕スラグの骨材試験およびモルタル試験	日本建築学会大会学術講演梗概集（関東）	Vol.2006	pp.277-278	2006.9
23) 染谷雅史, 石川嘉崇, 山下洋, 友澤史紀, 木下茂	石炭溶融水砕スラグのコンクリート用細骨材への利用に関する研究：その 3 石炭溶融水砕スラグを用いたコンクリート試験	日本建築学会大会学術講演梗概集（関東）	Vol.2006	pp.279-280	2006.9
24)* 蔵重勲, 山本武志, 市川和芳, 沖裕壮, 森浩文, 山下洋, 西村次男, 加藤佳孝, 魚本健人	石炭ガス化スラグの付加価値化利用技術の開発	生産研究	Vol59, No.2	pp.137-140	2007.3
25) 加藤将裕, 石川嘉崇, 友澤史紀, 清水五郎, 熊谷茂, 那須義範	石炭溶融水砕スラグのコンクリート用細骨材への利用に関する研究：その 4 各種スラグとの比較	日本建築学会大会学術講演梗概集（九州）	Vol.2007	pp.1085-1086	2007.9

	著者 報告書等作成者	タイトル	掲載先 対象事業・委員会	巻・号	ページ	年月
26)	那須義範, 石川嘉崇, 友澤史紀, 清水五郎, 熊谷茂	石炭溶融水砕スラグのコンクリート用細骨材への利用に関する研究：その5 石炭溶融水砕スラグ中の微粒分量の影響	日本建築学会大会学術講演梗概集（九州）	Vol.2007	pp.1087-1088	2007.9
27)	原孝志, 石川嘉崇, 友澤史紀, 清水五郎, 熊谷茂, 那須義範	石炭溶融水砕スラグのコンクリート用細骨材への利用に関する研究：その6 超高強度領域におけるモルタル強度試験	日本建築学会大会学術講演梗概集（九州）	Vol.2007	pp.1089-1090	2007.9
28)	熊谷茂, 石川嘉崇, 友澤史紀, 清水五郎, 那須義範	石炭溶融水砕スラグのコンクリート用細骨材への利用に関する研究：その7 石炭溶融水砕スラグを使用したコンクリートの材齢1年までの性状	日本建築学会大会学術講演梗概集（九州）	Vol.2007	pp.1091-1092	2007.9
29)	石川嘉崇, 友澤史紀, 熊谷茂	石炭溶融化スラグのコンクリート骨材としての有効利用に関する実験研究	日本建築学会構造系論文集	Vol.624	pp.149-156	2008.7
30)	熊谷茂, 石川嘉崇, 阿部道彦, 古川雄太, 友澤史紀	石炭溶融水砕スラグのコンクリート用細骨材への利用に関する研究：その8 各種スラグ骨材を使用したモルタルの諸性状	日本建築学会大会学術講演梗概集（中国）	Vol.2008	pp.629-630	2008.9
31)*	西田孝弘, 蔵重勲, 沖裕壮, 石川嘉崇, 山下洋	石炭ガス化スラグ発泡体を使用したモルタル及びコンクリートの強度特性に関する検討	土木学会年次学術講演会講演概要集	Vol.63, V-410	pp.819-820	2008.9
32)*	蔵重勲, 西田孝弘, 沖裕壮, 石川嘉崇, 山下洋	石炭ガス化スラグ発泡体を使用したコンクリートの中性化及び凍結融解抵抗性に関する検討	土木学会年次学術講演会講演概要集	Vol.63, V-411	pp.821-822	2008.9
33)	樽田哲郎, 古川雄太, 阿部道彦, 石川嘉崇, 熊谷茂, 友澤史紀	石炭溶融スラグのコンクリート用細骨材への有効利用に関する研究：各種スラグ細骨材との比較検討	日本建築学会関東支部研究報告集	Vol.79	pp.129-132	2009.3
34)	石川嘉崇, 古川雄太, 阿部道彦, 友澤史紀	石炭溶融スラグ細骨材のコンクリート用細骨材としての有用性についての検討	コンクリート工学年次論文集	Vol.31, No.1	pp.127-132	2009.7
35)	樽田哲郎, 石川嘉崇, 阿部道彦, 古川雄太, 友澤史紀	石灰溶融水砕スラグのコンクリート用細骨材への利用に関する研究：その9 各種スラグ細骨材を使用したコンクリートのフレッシュ性状および力学性状	日本建築学会大会学術講演梗概集（東北）	Vol.2009	pp.475-476	2009.9
36)	古川雄太, 石川嘉崇, 阿部道彦, 樽田哲郎, 友澤史紀	石灰溶融水砕スラグのコンクリート用細骨材への利用に関する研究：その10 各種スラグ細骨材を使用したコンクリートの耐久性	日本建築学会大会学術講演梗概集（東北）	Vol.2009	pp.477-478	2009.9
37)	上本洋, 阿部道彦, 古川雄太, 石川嘉崇	各種スラグ細骨材を使用したコンクリートの長期性状に関する研究：各種スラグ細骨材との比較検討	日本建築学会関東支部研究報告集	Vol.80	pp.41-44	2010.3
38)	中西航太, 水野恭佑, 阿部道彦, 古川雄太, 石川嘉崇	石炭溶融スラグ細骨材の使用方法に関する実験的研究	日本建築学会関東支部研究報告集	Vol.80	pp.73-76	2010.3

	著者 報告書等作成者	タイトル	掲載先 対象事業・委員会	巻・号	ページ	年月
39)	石川嘉崇, 友澤史紀, 熊谷茂	石炭ガス化複合発電から生成するスラグのコンクリート用細骨材への利用に関する基礎研究	日本建築学会構造系論文集	Vol.651	pp.887-893	2010.7
40)	石川嘉崇, 古川雄太, 阿部道彦, 友澤史紀	石炭溶融スラグ細骨材を用いたコンクリートの長期強度と耐久性状	コンクリート工学年次論文集	Vol.32, No.1	pp.71-76	2010.7
41)	古川雄太, 石川嘉崇, 阿部道彦, 友澤史紀	品質改善した石炭溶融スラグ細骨材を用いたコンクリートの諸性状	コンクリート工学年次論文集	Vol.32, No.1	pp.77-82	2010.7
42)	熊谷茂, 石川嘉崇	石炭溶融水砕スラグの有効利用に関する研究：コンクリート二次製品への適用	日本建築学会大会学術講演梗概集（北陸）	Vol.2010	pp.683-684	2010.9
43)	上本洋, 古川雄太, 石川嘉崇, 阿部道彦, 友澤史紀	石炭溶融水砕スラグのコンクリート用骨材への利用に関する研究：その11 各種スラグ細骨材を使用したコンクリートの気泡組織と耐凍害性について	日本建築学会大会学術講演梗概集（北陸）	Vol.2010	pp.685-686	2010.9
44)	古川雄太, 石川嘉崇, 阿部道彦, 友澤史紀	石炭溶融水砕スラグのコンクリート用細骨材への利用に関する研究：その12 凍結融解抵抗性の改善	日本建築学会大会学術講演梗概集（北陸）	Vol.2010	pp.687-688	2010.9
45)	古川雄太, 石川嘉崇, 阿部道彦, 友澤史紀	石炭溶融水枠スラグのコンクリート用細骨材への利用に関する研究：その13 材齢経過に伴う品質の向上	日本建築学会大会学術講演梗概集（関東）	Vol.2010	pp.635-636	2011.9
46)	熊谷茂, 石川嘉崇, 阿部道彦, 友澤史紀	石炭溶融水枠スラグのコンクリート用細骨材への利用に関する研究：その14 石炭溶融スラグを用いたモルタルのブリーディングに関する検討	日本建築学会大会学術講演梗概集（関東）	Vol.2010	pp.637-638	2011.9
47)	斉藤栄一, 福留和人, 坂口隆彦, 坂本守	石炭ガス化溶融スラグのコンクリート用骨材としての有効利用に関する研究	土木学会年次学術講演会講演概要集	Vol.66, VI-197	pp.393-394	2011.9
48)	古川雄太, 石川嘉崇, 阿部道彦	石炭溶融スラグ細骨材を用いたモルタルの強度発現および空気調整に関する研究	日本建築学会関東支部研究報告集	Vol.82	pp.49-52	2012.3
49)	白井敦士, 堀口至, 渡辺勝, 杉原聡	コンクリート用細骨材としての石炭ガス化溶融スラグの利用に関する基礎的研究	土木学会中国支部研究発表会発表概要集	Vol.64, V-11		2012.5
50)	石川嘉崇, 古川雄太, 阿部道彦	各種スラグ細骨材との性状比較によるIGCC石炭溶融スラグのコンクリート用細骨材としての有用性の検討	日本建築学会構造系論文集	Vol.676	pp.799-805	2012.7
51)	石川嘉崇, 有薗大樹, 佐藤道生, 安田幸弘	フライアッシュを微粒分量として補填した石炭溶融スラグ細骨材を用いたコンクリートの基本的性状	コンクリート工学年次論文集	Vol.34, No.1	pp.142-147	2012.7
52)	古川雄太, 石川嘉崇, 熊谷茂, 阿部道彦	石炭起源の溶融スラグ細骨材を使用したモルタルの諸性状に関する研究：その1 AE剤の違いが空気量に及ぼす影響	日本建築学会大会学術講演梗概集（東海）	Vol.2012	pp.277-278	2012.9

	著者 報告書等作成者	タイトル	掲載先 対象事業・委員会	巻・号	ページ	年月
53)	熊谷茂，古川雄太，石川嘉崇，阿部道彦	石炭起源の溶融スラグ細骨材を使用したモルタルの諸性状に関する研究：その 2 養生方法が強度発現に及ぼす影響	日本建築学会大会学術講演梗概集（東海）	Vol.2012	pp.279-280	2012.9
54)	堀口至，白井敦士，渡邉勝，杉原聡	石炭ガス化溶融スラグを用いたコンクリートに関する基礎的研究	セメント・コンクリート論文集	Vol.66,No.1	pp.615-621	2012.12
55)	白井敦士，堀口至，渡邉勝，杉原聡	細骨材に石炭ガス化溶融スラグを用いたモルタルの空気連行性	土木学会中国支部研究発表会発表概要集	Vol.65,V-11		2013.5
56)	白井敦士，堀口至，渡邉勝，杉原聡	石炭ガス化溶融スラグを用いたモルタルの空気連行性およびその改善方法	土木学会年次学術講演会講演概要集	Vol.68,V-297	pp.593-594	2013.9
57)	熊谷茂，石川嘉崇，梶井章弘，阿部道彦	石炭起源の溶融スラグ細骨材を使用したモルタルの諸性状に関する研究：その 3 モルタルの骨材界面に関する検討	日本建築学会大会学術講演梗概集（近畿）	Vol.2014	pp.323-324	2014.9
58)	高橋正樹，堀江嘉彦，中下明文，赤津英一，高畑昭三，石川嘉崇	IGCC のガス化炉溶融スラグ有効利用に関する取組み	日本エネルギー学会大会講演要旨集	Vol.24	pp.244-245	2015.7
59)	竹田宣典，赤津英一，坂本康一，片野啓三郎，石田知子	IGCC スラグを細骨材として用いたコンクリートの配合と性質に関する検討	土木学会年次学術講演会講演概要集	Vol.70,V-564	pp.1127-1128	2015.9
60)	（一財）石炭エネルギーセンター	平成 27 年度石炭灰有効利用促進調査　石炭ガス化溶融スラグの有効利用調査研究報告書	経済産業省			2016.3
61)	内田信一，堀江嘉彦，中下明文，赤津英一，真田洋一，石川嘉崇	IGCC 石炭ガス化溶融スラグの有効利用に関する取組み　磨砕特性と細骨材としての性状評価	日本エネルギー学会大会講演要旨集	Vol.25	pp.188-189	2016.7
62)	熊谷茂，石川嘉崇，高橋晴香	石炭起源の溶融スラグ細骨材を使用したモルタルの諸性状に関する研究　その4　スラグ骨材界面における化学組成に関する検討	日本建築学会大会学術講演梗概集（九州）	Vol.2016	pp.113-114	2016.9
63)	小林亮太郎，藤原浩巳，丸岡正知，山中友仁	石炭ガス化溶融スラグ細骨材を用いたモルタルの諸性状に関する実験的研究	土木学会関東支部技術研究発表会概要集	Vol.45,V-1		2018.3
64)	Yuto Yamanaka,Hiromi Fujiwara,Masanori Maruoka and Ryosuke Otsuka	Experimental Study on Properties of Mortar Containing Molten Slag as Fine Aggregate	2nd International Workshop on Durability and Sustainability of Concrete Structures			2018.6
65)	吉沢佑哉，小山明男，石川嘉崇	コンクリート用石炭ガス化溶融スラグに関する基礎的研究　その1　モルタルによる石炭ガス化溶融スラグの基礎物性の検討	日本建築学会大会学術講演梗概集（東北）	Vol.2018	pp.105-106	2018.9
66)	金準鎬，韓準熙，玄承龍，韓東燁，韓敏喆	石炭ガス化発電スラグ（CGS）を細骨材として用いたモルタルの基礎特性　第 1 報：骨材として品質検討	日本建築学会大会学術講演梗概集（東北）	Vol.2018	pp.107-108	2018.9

	著者 報告書等作成者	タイトル	掲載先 対象事業・委員会	巻・号	ページ	年月
67)	韓東燁, 韓準熙, 玄承龍, 金準鎬, 韓敏喆	石炭ガス化発電スラグ（CGS）を細骨材に活用するモルタルの基礎的特性　第2報：モルタルの特性	日本建築学会大会学術講演梗概集（東北）	Vol.2018	pp.109-110	2018.9
68)	山中友仁, 藤原浩已, 丸岡正知, 小林亮太郎	石炭ガス化溶融スラグ細骨材の適応性に関する実験的研究	セメント・コンクリート論文集	Vol.71, No.1	pp.603-609	2018.12
69)	（一財）石炭エネルギーセンター	2016年度～2018年度成果報告書クリーンコール技術開発／石炭利用環境対策事業／石炭利用環境対策推進事業／石炭ガス化溶融スラグ有効利用推進事業	新エネルギー・産業技術総合開発機構（NEDO）			2019.2
70)	渡邊貴郁, 藤原浩已, 丸岡正知, 山中友仁, 小林亮太郎	石炭ガス化溶融スラグ細骨材を用いたコンクリートの凍結融解抵抗性に関する実験的研究	土木学会関東支部技術研究発表会概要集	Vol.46, V-38		2019.3
71)	小林亮太郎, 藤原浩已, 丸岡正知, 渡邊貴郁	石炭ガス化溶融スラグ細骨材を用いたコンクリートの諸性状および凍結融解抵抗性に関する実験的研究	コンクリート工学年次論文集	Vol.41, No.1	pp.2015-2020	2019.7
72)	荻島碧, 小山明男, 石川嘉崇	コンクリート用石炭ガス化溶融スラグ細骨材に関する基礎的研究　その2　コンクリートの諸性質に関する検討	日本建築学会大会学術講演梗概集（北陸）	Vol.2019	pp.37-38	2019.9
73)	金準鎬, 韓準熙, 玄承龍, 韓東燁, 韓敏喆, 韓千求	石炭ガス化発電スラグ（CGS）をコンクリート用細骨材としての活用可能性分析　その1：骨材としての基礎物性評価	日本建築学会大会学術講演梗概集（北陸）	Vol.2019	pp.39-40	2019.9
74)	韓東曄, 韓準熙, 玄承龍, 金準鎬, 韓敏喆, 韓千求	石炭ガス化発電スラグ（CGS）をコンクリート用細骨材としての活用可能性分析　その2：コンクリートの特性	日本建築学会大会学術講演梗概集（北陸）	Vol.2019	pp.41-42	2019.9
75)	韓千求, 韓準熙, 玄承龍, 金準鎬, 韓東燁, 韓敏喆	石炭ガス化発電スラグ（CGS）をコンクリート用細骨材としての活用可能性分析　その3：コンクリートMock-up部材の特性	日本建築学会大会学術講演梗概集（北陸）	Vol.2019	pp.43-44	2019.9
76)	松本宗浩, 松田裕光	石炭ガス化スラグ細骨材を用いたコンクリートの体積変化特性	土木学会年次学術講演会講演概要集	Vol.74, V-528		2019.9
77)	中村菫, 岩波光保	石炭ガス化スラグを用いたコンクリートの海洋環境における有効活用に関する検討	土木学会論文集B3（海洋開発）	Vol.75, No.2	pp.I_857-I_862	2019.10
78)	（株）八洋コンサルタント	石炭ガス化溶融スラグを使用したコンクリート試験報告書	石炭ガス化溶融スラグのコンクリート用スラグ骨材JIS規格化に関する共同運営委員会			2019.11
79)	石川嘉崇	令和時代に期待されるCCPsの利用	コンクリート工学	Vol.58, No.1	pp.72-74	2020.1
80)	左部晃司, 藤原浩已, 丸岡正知	石炭ガス化溶融スラグを細骨材として用いたコンクリートの凍結融解抵抗性向上に関する研究	土木学会関東支部技術研究発表会概要集	Vol.47, V-30		2020.3

著者 報告書等作成者	タイトル	掲載先 対象事業・委員会	巻・号	ページ	年月
81)	渡邊貴郁, 藤原浩巳, 丸岡正知, 左部晃司	産地の異なる石炭ガス化溶融ス ラグ細骨材を用いたコンクリート の諸性状および凍結融解抵抗 性に関する実験的研究	コンクリート工学 年次論文集	Vol.42, No.1	pp.683-688	2020.7
82)	常磐共同火力（株）， 大崎クールジェン （株），勿来 IGCC パ ワー(同)，広野 IGCC パワー（同）	運転データ情報	石炭ガス化溶融ス ラグのコンクリー ト用スラグ骨材 JIS 規格化に関する共 同運営委員会			2020.9
83)	荻島碧, 石川嘉崇, 小山明男	コンクリート用石炭ガス化溶融 スラグ細骨材に関する基礎的研 究　その3　炭種の違いが骨材物 性およびコンクリートの諸性状 に及ぼす影響	日本建築学会大会 学術講演梗概集 （関東）	Vol.2020	pp.9-10	2020.9
84)	石川嘉崇, 小山明男, 荻島碧	コンクリート用石炭ガス化溶融 スラグ細骨材に関する基礎的研 究　その4　混和材による影響	日本建築学会大会 学術講演梗概集 （関東）	Vol.2020	pp.11-12	2020.9
85)	今野聡, 大林誠司, 猪瀬亮, 石川嘉崇	石炭ガス化スラグのコンクリー ト用細骨材としての適用検討 空気連行性に影響を及ぼす要因 の把握	日本建築学会大会 学術講演梗概集 （関東）	Vol.2020	pp.13-14	2020.9
86)	松本宗浩, 古屋憲二	石炭ガス化スラグの原料炭種に よる品質への影響	土木学会年次学術 講演会講演概要集	Vol.75, V-25		2020.9
87)	松浦忠孝, 小林保之, 古屋憲二	石炭ガス化スラグ細骨材に含ま れる炭素分とコンクリートの空 気連行性	土木学会年次学術 講演会講演概要集	Vol.75, V-26		2020.9
88)		JIS A 5011-5:2020（コンクリート 用スラグ骨材－第5部：石炭ガス 化スラグ骨材）	日本産業規格（JIS）			2020.10
89)		JIS A 5011-5:2020（コンクリート 用スラグ骨材－第5部：石炭ガス 化スラグ骨材）解説	日本産業規格（JIS）			2020.10
90)	長瀧重義, 阿部道彦, 松浦忠孝	JIS A 5011-5（コンクリート用スラ グ骨材－第5部：石炭ガス化スラ グ骨材）の制定概要	コンクリートテク ノ	Vol.40, No.2	pp.10-14	2021.2
91)	宮村優希, 岩波光保, 中山一秀	石炭ガス化スラグを用いたコン クリートの強度特性および海洋 環境下における耐久性に関する 検討	セメント・コンク リート論文集	Vol.74, No.1	pp.207-214	2021.3
92)	小池駿佑, 皆川浩, 宮本慎太郎, 久田真, 松浦忠孝	電気化学的手法による石炭ガス 化スラグ細骨材を使用したコン クリートの遮塩性の評価	土木学会東北支部 技術研究発表会講 演概要集	Vol.58, V-2		2021.3
93)	相内豪太, 冨塚翔太, 前島拓, 岩城一郎, 松浦忠孝	石炭ガス化スラグ細骨材を用い たコンクリートの諸物性に関す る検討	土木学会東北支部 技術研究発表会講 演概要集	Vol.58, V-2		2021.3
94)	松田裕光, 松浦忠孝, 角間崎純一, 大中昭	石炭ガス化複合発電［IGCC］と生 成スラグのコンクリートへの活 用	セメント・コンク リート	No890	pp.2-8	2021.4
95)	長瀧重義, 阿部道彦, 松浦忠孝	JIS A 5011-5（石炭ガス化スラグ骨 材）制定の概要	コンクリート工学	Vol.59, No.6	pp.496-501	2021.6

著者 報告書等作成者	タイトル	掲載先 対象事業・委員会	巻・号	ページ	年月
96)	松浦忠孝, 木村博, 橋本紳一郎	石炭ガス化スラグ細骨材を用いたコンクリートのフレッシュ性状の経時変化と圧送性に関する検討	コンクリート工学年次論文集	Vol.43, No.1	pp.47-52	2021.7
97)	今野聡, 大林誠司, 猪瀬亮, 石川嘉崇, 西祐宜	石炭ガス化スラグのコンクリート用細骨材としての適用検討 その2　モルタル試験によるスラグの硬化気泡組織への影響の把握	日本建築学会大会学術講演梗概集（東海）	Vol.2021	pp.27-28	2021.9
98)	石川嘉崇, 小山明男	コンクリート用石炭ガス化スラグ細骨材に関する基礎的研究 －その4　炭種による影響－	日本建築学会大会学術講演梗概集（東海）	Vol.2021	pp.29-30	2021.9
99)	小山明男, 佐藤幸惠, 齊藤辰弥, 西祐宜, 松沢晃一, 三島直生	石炭ガス化スラグ細骨材を使用したコンクリートの基礎性状 その1 全体計画	日本建築学会大会学術講演梗概集（東海）	Vol.2021	pp.31-32	2021.9
100)	西祐宜, 佐藤幸惠, 小山明男, 鈴木澄江, 陣内浩, 松沢晃一	石炭ガス化スラグ細骨材を使用したコンクリートの基礎性状 その2　フレッシュコンクリートの性状	日本建築学会大会学術講演梗概集（東海）	Vol.2021	pp.33-34	2021.9
101)	三島直生, 佐藤幸惠, 小山明男, 西祐宜, 鈴木澄江, 松沢晃一	石炭ガス化スラグ細骨材を使用したコンクリートの基礎性状 その3　ブリーディング特性	日本建築学会大会学術講演梗概集（東海）	Vol.2021	pp.35-36	2021.9
102)	松沢晃一, 佐藤幸惠, 小山明男, 三島直生, 鈴木澄江, 齊藤辰弥	石炭ガス化スラグ細骨材を使用したコンクリートの基礎性状 その4 強度発現性状	日本建築学会大会学術講演梗概集（東海）	Vol.2021	pp.37-38	2021.9
103)	齊藤辰弥, 西祐宜, 佐藤幸惠, 谷口円, 鈴木澄江, 陣内浩	石炭ガス化スラグ細骨材を使用したコンクリートの基礎性状 その5　乾燥収縮	日本建築学会大会学術講演梗概集（東海）	Vol.2021	pp.39-40	2021.9
104)	鈴木澄江, 齊藤辰弥, 佐藤幸惠, 小山明男, 谷口円, 陣内浩	石炭ガス化スラグ細骨材を使用したコンクリートの基礎性状 その6.中性化	日本建築学会大会学術講演梗概集（東海）	Vol.2021	pp.41-42	2021.9
105)	谷口円, 齊藤辰弥, 佐藤幸惠, 小山明男, 鈴木澄江, 陣内浩	石炭ガス化スラグ細骨材を使用したコンクリートの基礎性状 その7　気泡組織と凍結融解抵抗性	日本建築学会大会学術講演梗概集（東海）	Vol.2021	pp.43-44	2021.9
106)	松浦忠孝, 髙木智之, 小山明男, 佐藤幸惠, 阿部道彦	石炭ガス化スラグ細骨材を使用したコンクリートの基礎性状 その8　コンクリートの圧送性に関する検討	日本建築学会大会学術講演梗概集（東海）	Vol.2021	pp.45-46	2021.9
107)	佐藤幸惠, 小山明男, 松浦忠孝, 陣内浩, 髙木智之, 阿部道彦	石炭ガス化スラグ細骨材を使用したコンクリートの基礎性状 その9　構造体強度補正値	日本建築学会大会学術講演梗概集（東海）	Vol.2021	pp.47-48	2021.9
108)	髙木智之, 松浦忠孝, 小山明男, 佐藤幸惠	石炭ガス化スラグ細骨材を使用したコンクリートの基礎性状 その10　積算温度による圧縮強度の発現性に関する検討	日本建築学会大会学術講演梗概集（東海）	Vol.2021	pp.49-50	2021.9
109)	猪瀬亮, 西祐宜, 谷口円, 今野聡	石炭ガス化スラグを用いたコンクリートの気泡組織に関する一検討	日本建築学会大会学術講演梗概集（東海）	Vol.2021	pp.51-52	2021.9

著者 報告書等作成者	タイトル	掲載先 対象事業・委員会	巻・号	ページ	年月
110) 奥田健学, 岩波光保, 中山一秀, 松浦忠孝	石炭ガス化スラグ細骨材を用いたコンクリートの塩分浸透抵抗性に及ぼす自己治癒効果の検討	土木学会年次学術講演会講演概要集	Vol.76, V-139		2021.9
111) 松本宗浩, 松浦忠孝	石炭ガス化スラグ細骨材を用いたコンクリートのブリーディング特性	土木学会年次学術講演会講演概要集	Vol.76, V-339		2021.9
112) 小林保之, 松浦忠孝	石炭ガス化スラグ細骨材が強度発現特性に与える影響検討	土木学会年次学術講演会講演概要集	Vol.76, V-340		2021.9
113) 髙木亮一, 辻光俊, 青天目悠太, 松浦忠孝	石炭ガス化スラグ細骨材を用いたコンクリートのひび割れ抵抗性に関する一考察	土木学会年次学術講演会講演概要集	Vol.76, V-341		2021.9
114) 相内豪太, 前島拓, 岩城一郎, 松浦忠孝	石炭ガス化スラグを細骨材として用いたコンクリートの諸物性に関する検討	土木学会年次学術講演会講演概要集	Vol.76, V-342		2021.9
115) 小池駿佑, 皆川浩, 松浦忠孝, 宮本慎太郎, 久田真	石炭ガス化スラグ細骨材を用いたコンクリートおよびモルタルの遮塩性と凍結融解抵抗性の評価	コンクリート構造物の補修,補強,アップグレード論文報告集	Vol.21	pp.261-266	2021.10
116) 日本大学工学部工学研究所	石炭ガス化スラグ細骨材を用いたコンクリートのフレッシュ性状に関する研究　成果報告書	石炭ガス化スラグ細骨材を用いたコンクリートの設計・施工指針策定等に関する共同運営委員会			2022.3
117) 小丸陸, 鈴木澄江, 谷口円	石炭ガス化スラグ細骨材を使用したコンクリートの中性化に関する実験研究	日本建築学会関東支部研究報告集	Vol.92	pp.41-44	2022.3
118) 松浦忠孝, 鷲巣正樹, 前島拓, 岩城一郎	石炭ガス化スラグ細骨材を用いたコンクリートの基礎的性質に関する検討	セメント・コンクリート論文集	Vol.75, No.1	pp.210-217	2022.3
119) 佐藤彩映, 中川太晴, 相内豪太, 前島拓, 岩城一郎, 松浦忠孝	石炭ガス化スラグを用いたコンクリートのフレッシュ性状及び強度特性に関する検討	土木学会東北支部技術研究発表会講演概要集	Vol.59, V-15		2022.3
120) 成瀬陽平, 中川匡, 相内豪太, 前島拓, 岩城一郎, 松浦忠孝	石炭ガス化スラグ細骨材を混和したコンクリートの各種耐久性評価	土木学会東北支部技術研究発表会講演概要集	Vol.59, V-16		2022.3
121) 大林誠司, 石川嘉崇, 西祐宜, 猪瀬亮	石炭ガス化スラグに含有される炭素がコンクリートに及ぼす影響	コンクリート工学年次論文集	Vol.44, No.1	pp.70-75	2022.7
122) 渡邉大河, 橋本紳一郎, 御領園悠司, 松浦忠孝	石炭ガス化スラグ細骨材を用いたコンクリートのフレッシュ性状に関する検討	コンクリート工学年次論文集	Vol.44, No.1	pp.778-783	2022.7
123) 相内豪太, 前島拓, 松浦忠孝, 岩城一郎	凍結防止剤散布環境下における石炭ガス化スラグを細骨材として用いたコンクリートの各種耐久性評価	コンクリート工学年次論文集	Vol.44, No.1	pp.1636-1641	2022.7
124) 松浦忠孝, 小山明男, 佐藤幸惠, 西祐宜, 阿部道彦	石炭ガス化スラグ細骨材を使用したコンクリートの基礎性状 その11 CGS種類・セメント種類・高強度領域を加えた調合試験結果	日本建築学会大会学術講演梗概集（北海道）	Vol.2022	pp.27-28	2022.9

	著者 報告書等作成者	タイトル	掲載先 対象事業・委員会	巻・号	ページ	年月
125)	西祐宜, 佐藤幸惠, 小山明男, 松沢晃一, 三島直生, 齊藤辰弥	石炭ガス化スラグ細骨材を使用したコンクリートの基礎性状 その 12　化学混和剤の使用量およびブリーディング	日本建築学会大会学術講演梗概集（北海道）	Vol.2022	pp.29-30	20229
126)	松沢晃一, 佐藤幸惠, 小山明男, 三島直生, 鈴木澄江, 齊藤辰弥	石炭ガス化スラグ細骨材を使用したコンクリートの基礎性状 その 13 異なる CGS およびセメントを用いた場合の強度発現性状	日本建築学会大会学術講演梗概集（北海道）	Vol.2022	pp.31-32	2022.9
127)	齊藤辰弥, 西祐宜, 佐藤幸惠, 谷口円, 鈴木澄江, 陣内浩	石炭ガス化スラグ細骨材を使用したコンクリートの基礎性状 その 14　細骨材の組合せおよび CGS の混合率が乾燥収縮に及ぼす影響	日本建築学会大会学術講演梗概集（北海道）	Vol.2022	pp.33-34	2022.9
128)	鈴木澄江, 齊藤辰弥, 佐藤幸惠, 小山明男, 谷口円, 陣内浩	石炭ガス化スラグ細骨材を使用したコンクリートの基礎性状 その 15　CGS 混合率が中性化に及ぼす影響	日本建築学会大会学術講演梗概集（北海道）	Vol.2022	pp.35-36	2022.9
129)	谷口円, 齊藤辰弥, 西祐宜, 小山明男, 鈴木澄江, 佐藤幸惠	石炭ガス化スラグ細骨材を使用したコンクリートの基礎性状 その 16　気泡組織と凍結融解抵抗性	日本建築学会大会学術講演梗概集（北海道）	Vol.2022	pp.37-38	2022.9
130)	高木智之, 松浦忠孝, 木村博, 小山明男, 佐藤幸惠	石炭ガス化スラグ細骨材を使用したコンクリートの基礎性状 －その 17　材齢 1 年経過の実構造物の調査結果－	日本建築学会大会学術講演梗概集（北海道）	Vol.2022	pp.39-40	2022.9
131)	佐藤幸惠, 川田直輝, 西祐宜, 小山明男, 陣内浩, 松沢晃一	石炭ガス化スラグ細骨材を使用したコンクリートの基礎性状 その 18　構造体強度補正値の検討	日本建築学会大会学術講演梗概集（北海道）	Vol.2022	pp.41-42	2022.9
132)	陣内浩, 小山善行, 小山明男, 佐藤幸惠	石炭ガス化スラグ細骨材を使用したコンクリートの基礎性状 その 19　高強度モルタルによる基礎実験（実験計画）	日本建築学会大会学術講演梗概集（北海道）	Vol.2022	pp.43-44	2022.9
133)	小山善行, 陣内浩, 小山明男, 佐藤幸惠	石炭ガス化スラグ細骨材を使用したコンクリートの基礎性状 その 20　高強度モルタルによる基礎実験（実験結果）	日本建築学会大会学術講演梗概集（北海道）	Vol.2022	pp.45-46	2022.9
134)	今野聡, 大林誠司, 猪瀬亮, 石川嘉崇, 西祐宜	石炭ガス化スラグのコンクリート用細骨材としての適用検討 その 3 ブリーディングが及ぼす気泡組織への影響	日本建築学会大会学術講演梗概集（北海道）	Vol.2022	pp.49-50	2022.9
135)	西谷翔治, 周子瑜, 石川嘉崇, 小山明男	石炭ガス化スラグ細骨材を用いたコンクリートの建築構造コンクリートへの適用　その 1 鉄筋付着特性に関する実験	日本建築学会大会学術講演梗概集（北海道）	Vol.2022	pp.51-52	2022.9
136)	周子瑜, 石川嘉崇, 西谷翔治, 小山明男	石炭ガス化スラグ細骨材を用いたコンクリートの建築構造コンクリートへの適用　その 2 鉄筋コンクリートはり部材に関する実験概要	日本建築学会大会学術講演梗概集（北海道）	Vol.2022	pp.53-54	2022.9

	著者 報告書等作成者	タイトル	掲載先 対象事業・委員会	巻・号	ページ	年月
137)	石川嘉崇, 周子瑜, 西谷翔治, 小山明男	石炭ガス化スラグ細骨材を用いたコンクリートの建築構造コンクリートへの適用　その3 鉄筋コンクリートはり部材に関する実験結果および検討	日本建築学会大会学術講演梗概集（北海道）	Vol.2022	pp.55-56	2022.9
138)	加納龍斗, 橋本紳一郎, 御領園悠司, 松浦忠孝, 伊達重之, 子田康弘, 池田信義, 渡邉大河	石炭ガス化スラグ細骨材を用いたフレッシュコンクリートの基礎的研究	土木学会年次学術講演会講演概要集	Vol.77, V-115		2022.9
139)	安田瑛紀, 立岩華英, 黒野承太郎, 河野克哉	石炭ガス化スラグ骨材を使用したモルタルの材齢1年間における物性変化	土木学会年次学術講演会講演概要集	Vol.77, V-131		2022.9
140)	橋本学, 松浦忠孝, 金澤学	石炭ガス化スラグ細骨材を用いたコンクリートの圧縮クリープ特性	土木学会年次学術講演会講演概要集	Vol.77, V-529		2022.9
141)	相内豪太, 前島拓, 岩城一郎, 加納純也, 面政也, 畑中貢	石炭ガス化スラグ微粉末を混和材として用いたコンクリートの諸物性に関する検討	土木学会年次学術講演会講演概要集	Vol.77, V-530		2022.9
142)	小林保之, 松浦忠孝	石炭ガス化スラグ細骨材を用いたコンクリートの物質移動抵抗性の検討(1)塩化物イオンの見掛けの拡散係数に関する一考察	土木学会年次学術講演会講演概要集	Vol.77, V-531		2022.9
143)	松浦忠孝, 小林保之	石炭ガス化スラグ細骨材を用いたコンクリートの物質移動抵抗性の検討(2)水分移動速度係数に関する一考察	土木学会年次学術講演会講演概要集	Vol.77, V-532		2022.9
144)	（一財）石炭フロンティア機構, 勿来IGCCパワー（同）, 清水建設（株）	2019年度〜2022年度カーボンリサイクル・次世代火力発電等技術開発／石炭利用環境対策事業／石炭利用技術開発「石炭ガス化溶融スラグの信頼性確認」成果報告書	石炭ガス化スラグ細骨材を用いたコンクリートの設計・施工指針策定等に関する共同運営委員会			2022.9
145)	大崎クールジェン（株）, 勿来IGCCパワー(同), 広野IGCCパワー（同）	運転データ情報	石炭ガス化スラグ細骨材を用いたコンクリートの設計・施工指針策定等に関する共同運営委員会			2022.9
146)	松浦忠孝, 小林保之, 大中昭, 長瀧重義	石炭ガス化スラグ細骨材の特徴ならびにコンクリートの強度特性への影響に関する検討	材料	Vol.71, No.10	pp.847-852	2022.10
147)	日本大学工学部工学研究所	石炭ガス化スラグ細骨材を用いたコンクリートのアルカリシリカ反応性に関する研究　成果報告書	石炭ガス化スラグ細骨材を用いたコンクリートの設計・施工指針策定等に関する共同運営委員会			2022.10

	著者 報告書等作成者	タイトル	掲載先 対象事業・委員会	巻・号	ページ	年月
148)	Yoshitaka Matsuura, Yasushi Kobayashi, Takuya Maeshima and Shigeyoshi Nagataki	Properties of Concrete Made of Coal Gasification Slag as Fine Aggregate.	The 10th International Symposium on Cement and Concrete			2022.11
149)	千葉工業大学創造工学部都市環境工学科	石炭ガス化スラグ細骨材を用いたコンクリートの充填性に関する研究　成果報告書	石炭ガス化スラグ細骨材を用いたコンクリートの設計・施工指針策定等に関する共同運営委員会			2022.12
150)		委員会資料	（公社）土木学会石炭ガス化スラグ細骨材を用いたコンクリートの設計・施工研究小委員会			2023.3
151)	五十嵐豪，川端雄一郎，松浦忠孝，石田哲也	アルカリ含有量の高い石炭ガス化スラグ細骨材のアルカリシリカ反応への影響に関する基礎的検討	セメント・コンクリート論文集	Vol.76	pp.238-244	2023.3
152)	松浦忠孝，髙橋恭涼，千々和伸浩，岩波光保	石炭ガス化スラグ細骨材を用いた鉄筋コンクリートはりの構造性能に関する検討	構造工学論文集	Vol.69A	pp.884-892	2023.4

●コンクリートライブラリー一覧●

号数：標題／発行年月／判型・ページ数／本体価格

※は土木学会にて販売中です．価格には別途消費税が加算されます．

定価 3,190 円（本体 2,900 円＋税 10%）

コンクリートライブラリー163
石炭ガス化スラグ細骨材を用いたコンクリート設計・施工指針

令和 5 年 6 月 22 日　第 1 版・第 1 刷発行

編集者……公益社団法人　土木学会　コンクリート委員会
　　　　　石炭ガス化スラグ細骨材を用いたコンクリートの設計・施工研究小委員会
　　　　　委員長　岩城　一郎
発行者……公益社団法人　土木学会　専務理事　三輪　準二

発行所……公益社団法人　土木学会
　　　　　〒160-0004　東京都新宿区四谷 1 丁目（外濠公園内）
　　　　　TEL　03-3355-3444　FAX　03-5379-2769
　　　　　http://www.jsce.or.jp/
発売所……丸善出版株式会社
　　　　　〒101-0051　東京都千代田区神田神保町 2-17　神田神保町ビル
　　　　　TEL　03-3512-3256　FAX　03-3512-3270

©JSCE2023／Concrete Committee
ISBN978-4-8106-1094-9
印刷・製本・用紙：（株）報光社